AUX CULTIVATEURS FRANÇAIS.

DES MOYENS

D'AMÉLIORER LES TERRES,

ET

DES DIVERSES ESPÈCES D'ENGRAIS.

PAR

M. J. PLAGNAT,

DE SÉLESTAT (BAS-RHIN).

STRASBOURG,

Imprimerie de V.e Berger-Levrault, rue des Juifs, 33.

1843.

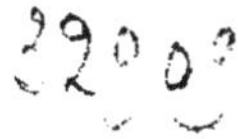

PRÉFACE.

S'il est un besoin généralement senti en France, c'est celui de mettre le peuple à même de profiter des nombreuses découvertes des sciences, et surtout de la chimie, qui, par ses immenses applications, peut lui rendre les plus grands services. Parmi les arts auxquels cette science bienfaisante prête son puissant appui, aucun n'est si important, si nécessaire que celui qui apprend à l'homme à tirer sa nourriture de la terre sur laquelle il est condamné à vivre, l'agriculture. Mais, hélas! combien cet art, le premier de tous, puisqu'il nous fait vivre, et le plus important, puisqu'il est la base de la prospérité des États, n'a-t-il pas été négligé en France! Combien avons-nous peu profité des ressources de notre sol fertile, et des moyens puissants que nos chimistes et nos agronomes mettaient à notre disposition? Combien de savants ouvrages sur l'agriculture n'a-t-on pas publié en France, seulement depuis cinquante ans, et quels ont été les fruits de leur publication ?... On est saisi d'un sentiment pénible quand on compare les résultats de notre agriculture avec ceux de l'agriculture anglaise, belge, allemande! — En cherchant les raisons de cette différence, on trouvera peut-être que c'est à un défaut inhérent au caractère national qu'il faut l'attribuer. Nous savons inventer, dit-on, mais nous ne savons pas appliquer nos utiles découvertes. Cette pensée nous semble très-vraie, et elle ne l'est pas seulement pour les sciences, mais encore pour la politique; car le système représentatif dont on semble disposé généralement à attribuer l'invention aux Anglais, tire certainement son origine de la France, et il a fallu que l'Angleterre nous montrât, de nos jours, les heureux effets de son application pour que nous y revinssions. Mais telle est la disposition du caractère français, telle est l'intelligence de cette nation favorisée de Dieu, qu'en deux pas nous avons laissé bien loin derrière nous l'aristocratique Angleterre, et que tous les peuples de l'Europe regardent maintenant la France comme la protectrice naturelle de la liberté.—

Souhaitons que notre agriculture fasse bientôt des progrès aussi rapides ! — En continuant à chercher les causes de son état arriéré dans notre beau pays, nous croyons qu'on peut dire que la révolution de 1789 y a contribué pour beaucoup ; car en morcelant trop les terres, elle a empêché leurs possesseurs de se livrer à l'expérimentation des nouveaux procédés, seul moyen d'arriver au progrès. Mais en considérant l'affreuse misère dans laquelle gémit le peuple en Angleterre, ne nous hâtons pas trop de nous élever contre ce morcellement ; car c'est lui qui a donné du pain au peuple dans notre France. Si donc nous indiquons le morcellement des terres comme une des principales causes de l'état peu avancé de notre agriculture, ce n'est que pour conseiller aux cultivateurs d'employer le remède puissant de l'*association ;* l'association, ce principe éminemment chrétien, qu'une secte philosophique semble vouloir aujourd'hui retourner contre le christianisme. Bien certainement si, sans aller habiter des phalanstères, les cultivateurs s'associaient ensemble, quatre ou cinq seulement, ils ne tarderaient pas à retirer les fruits les plus féconds de ce travail commun; car chacun d'eux apporterait une certaine masse de connaissances et augmenterait ainsi les chances de succès de la société. En outre, ils pourraient facilement employer quelques arpents à l'expérimentation des nouvelles méthodes de culture, et l'expérience leur en prouverait bientôt l'incontestable utilité. Nous croyons que messieurs les ecclésiastiques sont surtout appelés à diriger le peuple vers cette voie nouvelle, eux que leur position sociale met en relation intime avec les cultivateurs. Leur instruction, d'ailleurs, devient tous les jours plus scientifique, malgré les dires du vieux *Constitutionnel*, et nous croyons qu'on peut tout espérer d'eux sous ce rapport. — Une autre cause de la routine qui domine encore dans nos campagnes, et une cause puissante, c'est la direction donnée à l'enseignement primaire. On apprend aux enfants à lire, écrire et calculer, et voilà tout! Pourquoi ne pas profiter du désir inné d'apprendre, qui se manifeste généralement chez les enfants, pour leur inculquer les principes élémentaires des sciences utiles? Bien des fois on a déjà formé le souhait que les livres dans lesquels les enfants apprennent à lire, continssent les principes de l'art de cultiver la terre. Pourquoi ne réalise-t-on pas une fois cette idée éminemment sage? Les effets en seraient incalculables; car rien n'influence autant notre esprit, que ce qui lui a servi d'aliment au début de notre éducation intellectuelle. Nous indiquerons une dernière cause et qui a bien aussi son importance; c'est l'absence presque complète d'ouvrages assez élémentaires, d'assez bas prix pour être à la portée de la masse des cultivateurs[1]. Nous savons qu'il est difficile de faire de ces livres, qui renferment à la fois les principes scientifiques d'un art et ses principes pratiques; puis d'exprimer en mots intelligibles du grand nombre, les explications de la science; mais pourquoi hésiter plus longtemps? il faudrait le faire tôt ou tard,

1 Nous recommanderons cependant vivement à nos lecteurs le *Manuel d'agriculture* de M. Moll, qui est très-propre à remplir le but dont nous parlons ici. Il serait à désirer que tous les instituteurs s'en servissent dans leurs écoles. Nous dirons la même chose du *Manuel élémentaire de l'agriculteur alsacien* de M. Stoltz. Peut-être pourrait-on reprocher cependant à ces deux auteurs d'avoir trop négligé les explications de la chimie.

et si nous voulions attendre le jour où tous les cultivateurs seront initiés aux secrets de la chimie, nous pensons que l'on pourrait attendre encore bien des années. Il suffit, dans ces sortes de livres, de montrer que les faits fournis par la science sont d'accord avec ceux que l'expérience a sanctionnés, et tout homme de bon sens sera obligé de se rendre. — Si donc nous avons pris la plume, c'est avec le désir de mettre à la portée du peuple les données de la science, et principalement celles de la chimie agricole, qui vient de fournir tout nouvellement encore de si beaux résultats par les travaux du savant Liebig, professeur à Giessen. Nous croyons que ses travaux sur la chimie agricole sont appelés à exercer une influence immense sur l'agriculture. Déjà plusieurs de nos journaux en ont exposé l'importance; ils ont été traduits dans notre langue, mais comme c'est le peuple surtout qui doit profiter de ces admirables études, c'est dans de petits ouvrages, dont le langage et le prix soient à sa portée, qu'il faut en répandre la connaissance.

Nous traiterons dans ce petit livre de tout ce

qui est relatif aux amendements et aux engrais; nous avons choisi ce sujet de préférence, parce que, d'après tous les agronomes, c'est de la solution de ces questions que dépendent surtout les progrès de l'agriculture. Nous aurons toujours soin, d'après le principe exposé plus haut, de montrer l'accord de la science et de l'expérience, et pour cela nous nous appuyerons sur les nombreux travaux des agronomes habiles que possède la France, l'Allemagne et l'Angleterre. Nous plaçons *la France* sous ce rapport au niveau de l'Angleterre et de l'Allemagne; car, malgré les clameurs des Anglais et des Allemands, nous pouvons dire que nous possédons en France des hommes éminemment instruits dans ce noble art de l'agriculture, et qui sont dignes de marcher sur la même ligne que ceux de leurs pays. Certes, les Matthieu de Dombasle, les Yvart, les Huzard, les Payen, les Masson-Four, les Moll, les Bonafous, les Gasparin, les Héricart de Thury, les Vilmorin et tant d'autres, sont là pour le prouver. Il y a peu d'années que la mort a enlevé à l'agriculture française un homme dont les nombreux travaux sont dignes de figurer à côté de ceux des plus savants, et ne cesseront pas d'être étudiés longtemps encore avec le plus grand fruit; nous voulons parler de Tessier : son nom aurait figuré avec éclat à côté de ceux des hommes distingués que nous venons de citer. Nul doute que l'élan imprimé à notre agriculture par ces hommes éminents la fera marcher d'un pas rapide vers la perfection. Les dernières convulsions de la révolution de 1789, ou, pour mieux m'exprimer, les dernières difficultés qu'elle éprouve encore pour s'organiser complétement, ont seules empêché une foule d'esprits d'élite de notre France de fixer leur attention sur cette importante source de prospérités qu'offre à notre avenir le beau pays que nous habitons. Maintenant que ces difficultés disparaissent les unes après les autres, on voit peu à peu la classe la plus éclairée tourner ses efforts vers l'agriculture. C'est à ce mouvement qu'il faut attribuer la création de ces fermes-modèles, appartenant tant à l'État qu'à des particuliers, qui s'établissent de tous côtés sur notre sol. C'est encore à ce mouvement qu'il faut attribuer l'heureuse idée de la création d'un ministère de l'agriculture, dont on annonce le projet depuis quelque temps. Mais parmi les classes instruites qui sont surtout appelées à favoriser ce mouvement, celle des médecins nous paraît principalement devoir exercer une heureuse influence sur les progrès de l'agriculture. En appliquant à ce bel art, durant leurs loisirs, les connaissances scientifiques qu'ils ont acquises, ils peuvent lui rendre d'éminents services. Nous ne pouvons nous refuser au désir de citer ici le noble exemple qu'a donné à cet égard M. le docteur Bonnet dans le département du Doubs. Après avoir, à l'aide de plusieurs propriétaires instruits des différents points du département, recueilli les renseignements les plus complets sur la culture du sol, le climat, etc., il a, de concert avec eux, composé un manuel pratique à l'usage du pays, qui doit exercer l'influence la plus heureuse dans l'avenir. Puis, non content d'avoir fourni aux classes instruites ce moyen de progrès, il a voulu mettre à la portée des dernières classes les données de la science agricole, et poussa son zèle jusqu'à se transporter dans plusieurs communes importantes pour y faire des cours aux cultivateurs. Il fit suivre chaque leçon de consultations gratuites et de distributions de graines d'espèces nouvelles, et parvint ainsi à naturaliser dans beaucoup de communes des plantes qui y étaient inconnues, telles que la pomme de terre de Rohan, la betterave, la carotte de Flandre, le turneps ou chou-rave, le rutabaga ou chou-navet, le chanvre du Piémont, le chenevis de l'Isère, le lin de Flandre, le trèfle incarnat, le sainfoin, la luzerne, les vesces, etc. En outre, après chaque cours, il eut soin de distribuer la rédaction de la leçon qu'il venait de faire. Honneur à la noble conduite de M. Bonnet! Son nom sera béni sous le chaume pendant de longues générations. — Manifestons, en finissant, le souhait que cet exemple admirable soit suivi par beaucoup de ses confrères.

PREMIÈRE PARTIE.

Des diverses espèces de sols et de la manière de les amender.

« Comme le sel assaisonne les viandes, ainsi « l'argile et le sablon estant distribués ès terroirs « par juste proportion, ou par nature ou par « artifice, les rendent faciles à labourer, à retenir « et rejeter convenablement l'humidité ; et par ce « moyen domptés, aprivoisés, engraissés, rappor- « tent gaiement toutes sortes de fruicts. »

OLIVIER DE SERRES.

Le *sol* ou *terrain* est la partie supérieure de la surface de la terre, qui est destinée à fixer les plantes et à contribuer à leur vie. Il est formé de particules de roches désunies et déposées autrefois par les eaux, et de débris décomposés des plantes et des animaux. — Sous cette couche superficielle se trouve ce qu'on nomme le *sous-sol*, qui est ordinairement formé, soit par des couches de gravier ou de sable, soit plus souvent par des couches d'argile ou de calcaire. Tout le monde connaît l'importance des sous-sols argileux, à cause de la faculté dont ils jouissent de retenir les eaux, tandis que les sous-sols graveleux et sablonneux laissent filtrer dans leurs intervalles le liquide nourricier.

Quoique la surface de la terre nous montre de nombreuses variétés de sols, on peut cependant les ramener à trois espèces principales; ce sont : 1.° les sols *argileux* ou *terres fortes*; 2.° les sols *sablonneux* ou *terres légères*, et 3.° les sols *calcaires* ou *chauds*. Nous négligerons les sols tourbeux ou marécageux, parce que leur amélioration est une question trop vaste pour être traitée ici.

CHAPITRE PREMIER.

Sols argileux.

§. 1. *Leur composition.* L'*argile* ou *terre glaise* est tellement connue, que nous ne nous arrêterons pas à décrire ses caractères extérieurs ou *physiques*. Ses principales variétés sont la *terre glaise* et la *marne*. — En les examinant dans leur composition intime ou *chimique*, on trouve que la terre glaise est surtout composée d'alumine (terre qui est la partie constituante essentielle de l'alun), de silice (qui forme la partie constituante de la majeure partie des sables et des pierres ordinaires ou pavés), de potasse et de soude (parties essentielles, la première de la cendre et la seconde du sel de cuisine et de mer), et souvent aussi de rouille (oxide de fer rouge hydraté). La *marne* est une espèce d'argile qui est tantôt d'un gris bleuâtre, tantôt jaunâtre, blanchâtre ou rougeâtre. Elle est formée par les mêmes substances que la terre glaise, mais elle contient en plus une certaine quantité de carbonate de chaux (craie), qui peut s'élever j'usqu'à 65 pour cent, carbonate de chaux dont la présence a une heureuse influence sur le développement des plantes. — C'est la silice qui est mêlée dans un état de division extrême à l'argile, qui lui donne la faculté de concentrer l'eau dans son sein; car d'après les expériences de Thaër, de Schubler et de Cadet-Gassicourt, elle peut retenir jusqu'à trois fois son poids d'eau quand elle est réduite en poudre impalpable, tandis que, quand elle est à l'état de gros sable, elle n'en retient guère qu'un quart de son poids. La potasse et la soude contenues dans les argiles, ont surtout une grande part à l'acte de la végétation. « Dans toutes les circonstances, dit M. Liebig, l'argile constitue une partie essentielle des terroirs « fertiles..... Elle contient évidemment une cause « qui influe sur la vie des plantes et prend une part « directe à leur développement, et cette cause n'est « autre que la potasse et la soude qu'on y rencontre « constamment. L'alumine de ces argiles ne prend « guère qu'une part indirecte à la végétation, en « raison de la propriété qu'elle possède d'attirer et « de retenir l'eau et l'ammoniaque. » L'ammoniaque est, comme nous le verrons plus tard, le principe le plus important que contiennent les engrais animaux. De quelle manière agissent la potasse et la soude sur les plantes? M. Liebig va nous le dire. « La nature nous indique elle-même les conditions « primitives de développement pour chaque partie « des plantes. Ainsi Becquerel a démontré que les « semences des graminées (blé, orge, seigle, avoine), « des légumineuses (trèfle, luzerne, pois, fèves), des « crucifères (choux, colza, navette), des chicoracées « (diverses espèces d'herbes à salade), des ombelli-

« fères (plantes très-communes dans les prés, cer-
« feuil, fenouil), des conifères (pins, sapins), des
« cucurbitacées (melon, courge), excrètent de l'acide
« acétique (vinaigre) pendant leur germination. De
« même Th. de Saussure a fait voir que les feuilles
« primordiales, ainsi que les premières pousses, don-
« nent une cendre aussi chargée et même plus char-
« gée de sels alcalins (potasse et soude) que les
« feuilles parfaitement développées. Les expériences
« de Becquerel nous ont appris de quelle manière
« ces sels alcalins arrivent dans la jeune plante :
« l'acide acétique, formé par la germination, se ré-
« pand dans le sol humide, se sature d'alcalis, de
« chaux, de magnésie, et est réabsorbé par les spon-
« gioles (petites éponges qui se trouvent au bout
« des racines) sous la forme de sels neutres. » Ces substances terreuses, ainsi portées dans la plante, contribuent beaucoup à sa vie et à son développement et en forment une partie importante, puisque nous les trouvons toujours dans sa cendre. Mais si l'argile a une si grande importance dans la végétation, il n'en est pas moins vrai et démontré qu'un sol purement argileux ne peut pas servir à la culture; car il est trop dur, trop compacte pour permettre aux racines de se développer, et à l'air et à l'eau d'y circuler. Quels sont donc les moyens de rendre un sol argileux aussi bon que possible; autrement dit, dans quelle proportion l'argile doit-elle entrer dans la composition d'un sol?

§. 2. *Moyens d'amender les sols argileux.* Pour trouver les moyens d'amender les sols argileux, examinons seulement la composition des meilleurs terrains. « Dans un terroir doué de la plus grande « fertilité possible, dit M. Liebig, l'argile est mé- « langée avec d'autres roches désagrégées, avec du « calcaire (carbonate de chaux ou craie) et du « sable, dans une proportion telle qu'elle livre pas- « sage, jusqu'à un certain point, à l'air et à l'humi- « dité. » En effet, c'est là une condition indispensable pour que la végétation puisse avoir lieu; car si l'air et l'humidité ne pénètrent pas le sol, point de végétation! Cherchons donc les proportions dans lesquelles ces trois terres s'unissent pour former ces sols-modèles. Le Piémontais Gioberti dit dans son remarquable ouvrage sur la composition des terres, que les terres les plus fertiles se composent de 75 à 79 parties de silice, de 9 à 12 d'alumine (ou argile) et de 5 à 12 pour cent de terre calcaire. L'Irlandais Kirwan veut que ce soit le calcaire qui domine dans un sol fertile avec la silice, et que ce soit l'argile qui y reste inférieure en quantité. Cette différence d'opinion provient de ce qu'en Irlande, pays humide, le sol a plus besoin d'une terre échauffante, comme le calcaire, que de l'argile, tandis que le climat chaud de l'Italie exige avant tout la présence de l'argile, qui a la propriété de conserver plus longtemps l'humidité dans le sol. Le chimiste de Beunie a trouvé que la terre la plus fertile des environs d'Anvers, contient un sixième de sable et environ cinq sixièmes d'argile. M. Berthier, ingénieur des mines, qui a analysé la terre végétale des environs de Lille, y a trouvé 78 pour cent de silice, 7 pour cent d'alumine, 4 pour cent de rouille ou oxide de fer, et environ 3 pour cent de carbonate de chaux (calcaire), outre un peu de magnésie. Tillet, qui a expérimenté dans le siècle dernier sur 54 mélanges terreux, a trouvé que le mélange le plus favorable à la végétation du blé, était celui qui contenait trois huitièmes d'argile, deux huitièmes de sable et trois huitièmes de calcaire. D'après cela on a pu voir déjà quels sont les moyens qu'on peut employer pour amender les terrains argileux. Au reste, c'est la température du pays qui doit surtout guider l'agriculteur dans l'amendement des terres, comme on peut le voir d'après les indications si différentes de Gioberti et de Kirwan. Pour la France centrale, ce sont les proportions de Tillet auxquelles il faut donner la préférence; pour la France méridionale, on peut suivre les indications de Gioberti, et pour la France septentrionale, la proportion dans laquelle les trois terres essentielles, la silice, l'argile et le calcaire, se trouvent dans le terroir de Lille, peut être regardée comme préférable. M. Berthier a cependant observé avec raison qu'une augmentation dans la proportion du calcaire, dans ce dernier genre de terrains, ne saurait qu'être très-avantageuse. En général, comme l'argile contient déjà une quantité notable de silice, il est très-avantageux d'amender les sols argileux avec du calcaire. Sous ce rapport la France est très-favorisée; elle contient de vastes couches de calcaire et de marne. L'on a même observé qu'il est rare de ne pas trouver l'une ou l'autre de ces substances sous les couches d'argile, de façon qu'on n'a que la peine de retirer ces substances du sol pour avoir un puissant moyen de l'amender. « Par « une heureuse et bienfaisante harmonie, » dit M. Puvis, qui s'est livré à des recherches savantes sur les sols argileux, « la formation sur laquelle repose « le sol argilo-siliceux est calcaire et renferme la « marne en grande abondance : il n'est pas à notre « connaissance de plateau argilo-siliceux dans lequel « on n'ait trouvé la marne à plus ou moins de pro- « fondeur. » Nous entrerons dans plus de détails au sujet de ces deux amendements, aux articles Chaux et Marne. Le sable calcaire est un excellent moyen d'amender les terres argileuses, car l'argile contient déjà par elle-même une quantité de silice assez considérable pour suffire aux besoins de la végétation; de sorte que, si l'on peut se procurer du sable calcaire, il faut le préférer au sable siliceux. « Dans la commune de Plesder, » dit Tessier dans les Annales de l'agriculture (1833), « le produit des « terres de plusieurs cultivateurs a été presque « doublé, par suite de l'amendement de ces terres « avec le sable calcaire..... On en a transporté « jusqu'à 1752 mètres cubes sur une superficie « de 35 hectares. »

CHAPITRE II.

Sols sablonneux et graveleux.

§. 1. *Composition de ces sols.* Comme le gravier n'est que du sable plus gros, nous ne parlerons ici que de la composition des sables proprement dits. Il y a deux espèces de sables : l'une est siliceuse et l'autre calcaire. La première espèce est de beaucoup la plus répandue. Elle provient d'une espèce de roche appelée quartz qui n'est composée presque que de silice pure, des granits qui se composent en grande partie de silice, et des pierres de sable ou grès qui se sont formées principalement par la décomposition du quartz dans les déluges antérieurs à celui qui a eu lieu du temps de Noé [1]. C'est ce dernier déluge qui a déposé les couches de sable les plus superficielles, qu'il avait enlevées aux rochers au milieu de cette grande agitation de notre globe. Cette espèce de sable a la même composition que le silex ou pierre à fusil ; c'est à cause de cela qu'on l'appelle sable siliceux. La présence de cette substance est indispensable à la végétation des graminées (froment, seigle, orge, avoine) ; car, unie à la potasse, elle contribue beaucoup à la nutrition

1 On sait que tous les savants pensent aujourd'hui, d'après l'étude des couches de terrains qui composent la croûte de notre globe, qu'il faut regarder les six jours de la création de la Bible comme autant d'époques séparées par de grandes révolutions terrestres. Cette opinion a été enseignée à Rome même, il y a quelques années, par le savant Wiseman.

de ces plantes et entre en grande partie dans leur composition. « Toutes les tiges et les feuilles des « graminées, dit le professeur Liebig, contiennent « invariablement du silicate de potasse, tout comme « leurs graines contiennent toujours du phosphate « de magnésie et d'ammoniaque. » Nous verrons plus loin quels sont les moyens de procurer ces dernières substances aux graines. Une certaine quantité de ce sable siliceux mêlé avec de la potasse, n'est pas moins nécessaire aux prairies qu'aux champs, comme nous le prouve M. Liebig : « La « quantité de silicate de potasse, que les prairies « perdent tous les ans par la récolte des foins, est « très-considérable. On peut citer comme preuve « la masse vitreuse trouvée après un orage entre « Manheim et Heidelberg, et qu'on avait prise pour « un aérolithe; mais l'analyse démontra que c'était « simplement un amas de silicate de potasse, résidu « d'une meule de foin que la foudre avait consu- « mée, en vitrifiant ses cendres. » Cela se conçoit très-bien, car la majeure partie des plantes et les plus nourrissantes des prés sont des graminées. Disons en passant qu'il serait à désirer qu'on les y multipliât davantage par des ensemencements, d'autant plus qu'elles rapportent une plus grande masse de foin à cause de la petite place qu'elles occupent sur le sol. Observons aussi que cette grande quantité de silicate de potasse qu'on trouve dans les cendres des plantes des prés, explique très-bien l'action fertilisante des cendres lessivées qu'on y répand, car ces cendres sont riches en silicate de potasse. — Venons à la seconde espèce de sable, la calcaire. Elle est composée de petits fragments de cristal de roche (craie, carbonate de chaux cristallisée), et de coquilles réduites en particules très-fines par le ballottement des eaux qui les ont roulées dans leurs flots; ces coquilles sont principalement formées de craie. Cette espèce de sable convient parfaitement aux terres argileuses froides et humides, car on sait que tous les corps qui renferment de la chaux sont d'excellents excitants pour les plantes.

§. 2. *Amendement des sols sablonneux et graveleux.* Les moyens d'amender ces sols consistent dans leur mélange avec de l'argile et du calcaire. La marne calcaire est surtout très-avantageuse pour ce genre de terrains, car elle renferme les éléments de l'argile et le calcaire. Le mélange de ce terres se pratique de la manière suivante : On conduit l'argile ou la marne sur les champs qu'on veut amender, pendant l'automne ou l'hiver, on la distribue bien sur toute la surface, et, au printemps, quand l'air en a un peu désuni les mottes, on y passe le rouleau pour achever cette division et on opère le mélange des terres par un bon labour. On en répand de façon qu'il y en ait au moins de quatre à cinq pouces d'épaisseur. La plaine sablonneuse de Haguenau présente un bel exemple de l'amendement des sols sablonneux par l'argile. La culture de la garance ayant forcé les cultivateurs de remuer profondément le sol pour en retirer les longues racines de cette plante, a amené peu à peu une amélioration considérable de ces terres en les mêlant avec le sous-sol argileux qui s'étend au-dessous du sable, et dans lequel venaient plonger les racines de la garance. Si les cultivateurs de Haguenau avaient suivi les conseils que M. Lebel leur donna autrefois dans un mémoire adressé à la Société des sciences, arts et agriculture du Bas-Rhin, le sol de Haguenau serait aussi riche que tout autre, et on ne verrait plus guères de terre purement sablonneuse dans leurs environs; mais malheureusement les agriculteurs ne lisent guères les mémoires adressés à des sociétés savantes. Comme ce mémoire contient des données très-instructives pour l'amélioration des terrains sablonneux, nous en citerons quelques idées. L'auteur conseille de cultiver dans ces terrains le châtaignier et le marronier, qui se plaisent sur les débris granitiques et dans des terres sablonneuses. Il voudrait aussi qu'on y cultivât pour fourrage : « le sainfoin qui, dit-il, demande une « terre sablonneuse, où il puisse enfoncer son pivot: « le sainfoin vit sept ou huit ans dans les terres « ordinaires, et jusqu'à trente ans dans son sol « natal, les montagnes tertiaires. Les produits d'un « arpent de sainfoin équivalent à ceux de quatre « arpents de bonnes prairies. La chicorée sauvage: « on la sème au printemps; elle vient dans les terres « siliceuses, et résiste à toutes les intempéries : il y « a peu de fourrages aussi salutaires pour les che-

« vaux et pour les vaches. Le lotier ou trèfle jaune : « on le cultive avec succès dans les dunes du Cal- « vados : il donne un fourrage excellent et abon- « dant. Le genêt épineux ou lotier d'Europe : il est « cultivé avec succès dans les sables de la Nor- « mandie et dans la Bretagne ; il croît dans les « terres ingrates et donne un excellent fourrage « pour les chevaux. »

CHAPITRE III.

Sols calcaires.

§. 1. *Leur composition.* Ils sont ordinairement formés de craie (carbonate de chaux) et quelquefois de gypse (sulfate de chaux, plâtre) ; la terre qui les accompagne le plus souvent est l'argile, qui selon qu'elle est en petite ou en grande quantité, les rend *légers* et *secs* ou *riches*. On s'explique facilement l'action de ces sortes de terres, en ce que la chaux a la propriété de remplacer dans beaucoup de plantes la potasse et la soude. Voici ce que dit à ce sujet M. Liebig : « Pour la plus grande partie « des plantes, la potasse n'est pas l'unique condi- « tion de leur existence ; dans beaucoup d'entre « elles, elle peut être remplacée par de la *chaux*, « de la magnésie ou de la soude. » Cependant si cela a lieu pour beaucoup de plantes, cela n'a pas lieu pour toutes. Ainsi pour la majeure partie des plantes des prairies, où le silicate de potasse est indispensable pour leur formation, les terres calcaires ne peuvent remplacer les terres argileuses, qui fournissent ce sel. Cependant, dira-t-on, le plâtre, qui est bien une terre calcaire, a la propriété de faire croître le gazon. Sans doute, mais ce n'est pas parce qu'il fournit aux plantes la chaux qu'il contient, mais parce qu'il a la propriété de retenir l'ammoniaque de l'air et des engrais, comme nous le verrons dans la seconde partie de ce petit livre. Aussi peut-on dire avec M. Liebig, que jamais sur un terrain sablonneux ou calcaire, pauvre en potasse, on ne trouvera une verdure bien fournie, car il lui manque le principe indispensable à la plupart des plantes. Ensuite, on sait généralement que le plâtre, en activant la végétation des prés, les épuise au bout de quelques années. Pourquoi cela? La chimie nous l'a dit : c'est que la chaux ne peut pas remplacer, dans la majeure partie des plantes des prés, la potasse qui leur est nécessaire, et en activant la végétation, elle hâte même la disparition de cette substance. Quand on a soin de mêler des cendres avec le plâtre, alors on est sûr d'avoir des prairies magnifiques, parce que les cendres restituent à la terre la potasse qui lui a été enlevée par les récoltes.

§. 2. L'amendement des sols calcaires consiste à les mélanger avec des terres argileuses et sablonneuses, comme on a pu le voir déjà d'après ce qui a été dit relativement aux autres sols. L'argile est la plus avantageuse, en ce qu'elle fournit aux plantes des principes plus indispensables que le sable et en ce qu'elle remédie à la sécheresse des terrains calcaires. En outre, l'argile contient toujours une certaine quantité de silice, comme nous l'avons déjà dit plus haut.

DONNÉES STATISTIQUES

SUR L'ÉTAT DU SOL EN FRANCE.

Voici quelques données curieuses sur l'état du sol en France. Elles sont extraites du savant ouvrage de statistique, que M. Schnitzler vient de publier sur la France.

La superficie totale du pays est de 52,768,618 hectares. — 2,905,008 hectares comprennent les routes, chemins, places publiques, rues, etc.; les rivières, lacs et ruisseaux. En retranchant encore l'espace occupé par les forêts de l'État et des communes et les domaines non productifs, enfin, les cimetières, églises, presbytères et bâtiments publics, on trouve que la propriété particulière est de 49,863,610 hectares.

En 1835 le pays se divisait en 123 ou 124 millions de parcelles appartenant à 10,896,682 propriétaires, qui formaient, comme on voit, le tiers de la population totale, femmes et enfants compris.

M. de Chateauvieux évalue à 1,243,000 les petits propriétaires terriers ne possédant pas plus de deux hectares; propriété évidemment insuffisante pour faire vivre une famille, qu'elle soit de quatre ou cinq personnes; puisque dans l'état actuel de l'agriculture en France, il ne faut pas moins de 1 hectare 23 ares de terre pour assurer l'existence d'un seul individu. On voit qu'il est temps que l'agriculture tire le plus possible du sol, si nous ne voulons pas voir mourir de faim, ou du moins croupir dans la misère des milliers d'individus.

Division de toute la propriété imposable, en hectares.

	Hectares.	Ares.	Cent.
Terres labourables.	25,559,151	75	24
Prés	4,834,621	01	42
Vignes	2,134,822	37	08
Bois.	7,422,314	28	25
Vergers, pépinières et jardins.	643,699	13	31
Oseraies, aulnaies, saussaies .	64,490	13	12
Étangs, abreuvoirs, mares et canaux d'irrigation	209,431	61	16
Landes, pâtis, bruyères, etc. .	7,799,672	49	80
Canaux de navigation	1,631	41	00
Cultures diverses.	951,934	25	64
Superficie des propriétés bâtics	241,841	92	29
	49,863,610	38	31

D'après M. le baron Charles Dupin, la part de chaque habitant dans le revenu territorial est de 53 francs 39 centimes, et le rapport de chaque hectare de 30 francs 38 centimes; ce qui est bien peu.

C'est dans les départements du Nord, du Pas-de-Calais et dans la Franche-Comté qu'on trouve l'agriculture dans l'état le plus florissant, et les bonnes méthodes de culture s'appliquent aussi dans la Normandie et en Alsace.

On évalue à près de 13 millions de hectares les terres réputées bonnes. Voici au reste la division qu'on fait relativement à la nature du sol. On compte :

	Hectares.
En pays de montagnes.	4,268,750
En pays de landes et de bruyères.	5,676,088
En sol de riche terreau	7,276,368
En sol calcaire ou de craie	9,788,197
En sol de gravier.	3,417,893
En sol pierreux.	6,612,348
En sol sablonneux	5,921,377
En sol argileux.	2,232,885
En sol limoneux	284,454
En sol de diverses sortes	7,290,237

Nos lecteurs peuvent voir par ce tableau qu'il est bien nécessaire de s'occuper des moyens d'amender la terre en France, car il y a de quoi amender encore. Et si notre petit livre ne parvient à faire amender que quelques hectares sur ces millions qui sont encore presque stériles, il n'aura pas été inutile.

SECONDE PARTIE.

Des engrais.

« Le fumer des terres est une très notable « partie du mesnage, estant notoire à tous ceux « qui font profession de manier la terre, que « c'est le fumier qui resjouit, reschauffe, en- « graisse, amollit, adoucit, dompte et rend « aisées les terres faschées et lassées par trop « de travail, celles qui de nature sont froides, « maigres, dures, amaires, rebelles et difficiles « à cultiver, tant il est vertueux. »

OLIVIER DE SERRES.

Quoique les cultivateurs aient à leur disposition de nombreuses espèces d'engrais, la plupart d'entre eux ne connaissent cependant guères d'autre que les excréments des animaux domestiques. Combien n'est-il pas à souhaiter qu'ils comprennent enfin mieux leurs intérêts et qu'ils profitent une fois des nombreux moyens de fertiliser leurs terres que leur présente la nature? Combien parmi eux ne sont-ils pas encore assujettis à cette absurde pratique de la *jachère*, quand, en cultivant sur ces terres des plantes pour les enfouir, ils pourraient leur donner un si précieux engrais? Combien trouve-t-on de cultivateurs encore qui ne connaissent pas l'importance de la culture des plantes fourragères, non-seulement pour la nourriture des animaux domestiques, mais encore pour la production de l'engrais? Nous pourrions citer ici de nombreuses autorités pour établir l'immense nécessité de la propagation de cette culture bienfaisante ; contentons-nous de rapporter l'opinion du père de l'agronomie française, d'Olivier de Serres, qui dit dans son naïf langage : « Nos pères ont ainsi ordonné de la terre « que de préférer les herbages à tout autre sien « rapport..... d'autant que comme sur un ferme « fondement, toute l'agriculture s'appuie là-dessus : « aussi voit-on que moyennant le bestail, tout « abonde en un lieu ; tant pour le denier liquide « qui sans attente en sort, que par les fumiers, « causans abondance de toutes sortes de fruicts. » Effectivement, avec les *herbages* on peut nourrir beaucoup de bétail, et avec beaucoup de bétail, on obtient beaucoup de fumier. — Si maintenant nous passons aux excréments humains, combien d'entre nos cultivateurs ne négligent-ils pas encore les immenses ressources qu'ils peuvent leur fournir, quand de nombreuses expériences ont constaté que c'est de tous les engrais le plus fertilisant, celui qui contient le plus de principes nutritifs pour les plantes ? M. Liebig a calculé que les excréments d'un seul homme pendant un an contiennent seulement en azote [1] de quoi faire produire annuellement à un arpent la récolte la plus riche de céréales. Ne négligeons donc pas plus longtemps *ces richesses*

1 L'azote est le principe constituant de l'ammoniaque qui se forme par la décomposition des matières d'origine animale. Il est prouvé aujourd'hui que la capacité nutritive d'une plante est en raison de l'azote qu'elle contient. De même, plus les engrais renferment d'azote, plus ils sont actifs.

de nos latrines, comme les appelle avec raison l'illustre chimiste allemand.

Nous allons donner ici quelques indications générales sur les engrais les plus ordinairement employés, ceux que fournissent les écuries et les étables, sur la manière de les conserver, de les répandre sur les terres, etc. Quand on parcourt nos campagnes, on est frappé de voir le peu de soin que l'on donne généralement aux tas de fumiers; la plupart sont placés devant les maisons des cultivateurs, exposés à tous les agents de décomposition de l'air, et aux pluies qui en entraînent les trois quarts du temps les principes les plus fertiles. Les gaz hydro-carbonés et l'ammoniaque provenant de leur décomposition sous l'influence de l'air, s'en vont en grande partie se perdre dans l'atmosphère, et leurs nombreux sels, qui sont encore plus importants, comme l'a prouvé M. Liebig, vont enrichir les rigoles ou les mares des villages. Combien les agriculteurs flamands ne sont-ils pas plus prévoyants! Qu'ils savent bien mieux utiliser tout ce qui peut servir à entretenir la fertilité de cette terre qui les fait vivre et qui souvent leur aide encore à s'enrichir! Voici ce que nous lisons à ce sujet dans le Journal d'agriculture des Pays-Bas (tome 10) dans une appréciation de la culture flamande par le célèbre agronome anglais Arthur Young : « L'un « des traits les plus remarquables de l'agriculture « flamande consiste dans des citernes voûtées, con- « struites en briques, de manière à en exclure l'in-

« troduction des eaux pluviales. Leurs dimensions « sont de quatorze pieds de largeur sur trente ou « quarante de longueur, plus même, suivant le « nombre des bestiaux de la ferme et la quantité « d'engrais liquide que l'on suppose devoir faire. « Il est d'usage d'avoir une de ces fosses, soit au- « dessous, soit très-près des bâtiments de la ferme, « afin qu'elle puisse recevoir l'urine des bestiaux et « des hommes, la vidange des latrines, les eaux de « savon et les eaux troubles des lessives et des « brasseries. Plusieurs cultivateurs en ont une se- « conde, de plus grandes dimensions, à quelque « distance de l'habitation, qui reçoit le contenu de « la première, et dont la putridité est augmentée « par la gadoue des villes voisines, qu'ils recueillent « soigneusement. A ce mélange fétide ils ajoutent « chaque année du marc d'huile en poudre dans « la proportion de dix livres par acre (40 ares « 67 centiares) de la ferme. Lorsqu'ils veulent em- « ployer cet engrais liquide, ils le transvasent avec « des pompes dans de larges tonneaux, dans les- « quels ils les transportent sur les champs. »

Voulez-vous augmenter encore de près du double l'efficacité de cet engrais, en même temps que vous en enlèverez toute la mauvaise odeur, ajoutez-y du plâtre ou du muriate de chaux, qui peut se préparer si facilement au moyen de la chaux ou de la craie et de l'acide muriatique (ou hydrochlorique, ou esprit de sel), qui est à si bon compte dans le commerce, ou ajoutez-y de l'acide sulfurique (huile de vitriol) étendue d'eau; et l'acide sulfurique du plâtre qui y est combiné avec la chaux, ou celui que vous emploirez libre, ou l'acide muriatique du muriate de chaux, s'uniront avec l'ammoniaque qui se forme par la décomposition de l'engrais et conserveront ainsi tout l'azote de votre fumier, la seule substance qui soit capable de rendre les plantes nourrissantes, comme nous l'avons déjà dit. « La véritable question scientifique pour le culti- « vateur, dit M. Liebig, se réduit à savoir utiliser « convenablement l'élément azoté des plantes que « les excréments de l'homme et des animaux pro- « duisent par la putréfaction. S'il ne l'apporte pas « dans ses champs sous une forme convenable, cet « aliment est perdu pour lui en grande partie. Un « tas de fumier mal employé ne lui serait pas plus « utile qu'à son voisin; au bout de quelques an- « nées il trouverait à sa place les débris carbonés « des parties végétales pourries, mais parmi eux il « ne rencontrerait plus d'azote, celui-ci s'étant dé- « gagé en totalité à l'état de carbonate d'ammo- « niaque. »

Une autre méthode de conserver convenablement les tas de fumier, est celle qu'indique le célèbre abbé Rozier dans son *Cours complet d'agriculture* : « Tout fumier, dit-il, qui reste sur la superficie du « sol, est de nulle valeur, et presque entièrement « perdu relativement à la fertilité qu'il doit pro- « curer... Je ne connais qu'une seule manière de « préparer le fumier. Il faut de toute nécessité qu'il

« soit environné de terre de tous les côtés, afin que « sa chaleur ne dissipe pas ses principes par l'éva- « poration, et que cette évaporation ne soit pas « augmentée par la chaleur des rayons du soleil. « Examinez ces monceaux de fumier, élevés dans « des cours ou en plein air, et vous verrez que « toute la circonférence en est desséchée... Si on « n'a pas soin de placer de couche en couche de « la terre; en un mot, si le monceau est une seule « pièce, la chaleur sera excessive; ses parties grais- « seuses, trop fortement attaquées par la chaleur, « et surtout par la réaction des sels, se détruisent, « le *blanc* s'y met, et cette maladie rend ce fumier « comme un simple terreau. » Cette méthode est bonne, mais nous préférons infiniment celle des Flamands, avec le correctif indiqué plus haut et qui est extrait de l'ouvrage remarquable de M. Liebig sur la *Chimie organique appliquée à l'agriculture.*

De nouvelles et importantes études sur les engrais ont été faites, il n'y a pas longtemps, par MM. Payen et Boussingault, connus tous deux depuis bien des années par leurs travaux dans la chimie appliquée aux arts utiles. Ils ont analysé plus de cent espèces différentes d'engrais [1] et établi leur valeur relative. Leurs études ont constaté de nouveau ce fait, que c'est l'azote qui détermine cette valeur. M. Payen s'est surtout appliqué à faire ressortir l'avantage qu'il y a de ralentir la putré-

1 Nous donnerons à la fin de ce livre le tableau comparatif de ces divers engrais.

faction des matières d'origine animale, *et de proportionner ainsi la dissolution et le dégagement des produits azotés à la croissance des plantes qui doivent les absorber.* C'est pour obtenir ce résultat, qu'il mêla ces matières avec le charbon animal fraîchement calciné, en se fondant sur sa faculté d'absorber les gaz, et parvint ainsi à conserver pour l'agriculture, sans aucune déperdition, les matières animales les plus putrescibles. Son *noir animalisé* est certainement l'engrais le plus avantageux qu'on puisse trouver, et nous en recommandons fortement l'emploi à nos lecteurs. En outre, il a l'avantage de ne pas dégager cette odeur repoussante qui a empêché tant de cultivateurs de se servir de la plupart des matières d'origine animale, comme le sang pourri, la matière fécale, etc. MM. Payen et Boussingault ont été aussi amenés à établir ce principe que plus un engrais contient d'azote, plus il exige de l'humidité pour agir avec efficacité; c'est ce qui explique l'action funeste que les engrais fortement azotés, comme la colombine, par exemple, exercent sur les plantes semées dans des terres légères et sèches. Ces Messieurs recommandent, pour empêcher l'action *brûlante* de ces engrais, de les enterrer avec des fumiers verts, qui sont riches en principes aqueux.

Avant de terminer ces considérations générales sur les engrais, disons encore quelques mots de l'état dans lequel il convient de les employer. Ceci regarde principalement le fumier ordinaire, celui des étables et des écuries. Il est presque généralement admis en agriculture qu'il ne faut pas employer de fumier qui n'ait pas déjà fermenté avant d'être mis en terre. Cette pratique est bonne quand il s'agit d'obtenir des céréales; mais la chimie nous apprend qu'il se fait une grande perte de gaz qui pourraient être employés utilement à la production de plantes fourragères, au moyen de bons systèmes d'assolements. Voici ce que dit à ce sujet M. Biernacki dans la *Maison rustique du dix-neuvième siècle*, ce beau livre, où tous les agronomes distingués de la France sont venus déposer les fruits de leur expérience et de leurs études : « Un fumier non « consommé et enfoui avant d'avoir subi la fermen- « tation n'est pas propre à la production des graines « farineuses. Mais comme cette fermentation ou dé- « composition est toujours accompagnée d'une très- « grande déperdition de principes qui pourraient « servir utilement à l'alimentation des végétaux, « l'économie prescrit, pour obtenir le produit le « plus considérable, d'*appliquer le fumier avant* « *qu'il ait fermenté*, aux plantes qui peuvent en cet « état y trouver un aliment, telles que les plantes « fourragères feuillées de nos champs, sans lui en- « lever ses qualités nutritives pour une récolte sub- « séquente de grains. » Plus loin, M. Biernacki assure que 100 kilogrammes de pommes de terre récoltées sur fumier frais et non fermenté, ne coûtent pas plus à la terre que 7 kilogrammes de grains, parce qu'alors ces plantes mettent à profit les principes volatils du fumier qui se perdent dans la fermentation en tas. Cet article de M. Biernacki, intitulé: *De l'évaluation du produit des terres arables,* contient tant de bonnes choses, tant d'observations judicieuses et de sages calculs, que nous invitons toutes les personnes éclairées qui s'occupent d'agriculture de le lire, car on ne peut qu'en retirer le plus grand profit.

Terminons ici ces considérations générales, et passons à l'examen détaillé de chaque substance capable de servir d'engrais.

CHAPITRE PREMIER.

Engrais animaux.

§. 1.er *Excréments humains.*

Le meilleur des engrais est certainement celui que nous fournissent les excréments humains, car sous un même volume ils contiennent bien plus de substances minérales ou terreuses et de principes organiques ou gaz propres à servir à la nourriture des plantes. C'est grâce à son emploi que l'Alsace, et principalement l'Alsace centrale, présente aux yeux des voyageurs les produits si abondants de ses champs. C'est son emploi qui a transformé les marais de la Flandre en terres si fertiles. C'est encore son emploi qui en Angleterre et en Allemagne a porté l'agriculture à un si haut point de prospérité. Les Chinois en estiment tellement l'importance, qu'ils ont défendu par des lois de les jeter, et qu'on trouve dans chaque maison des réservoirs d'urine destinée ensuite à fertiliser les terres.

Urine de l'homme. Cet engrais si négligé l'emporte tellement sur tous les autres que, pour le seul gaz azote que l'urine produit par sa décomposition, sans parler de ses sels si fertilisants, M. Liebig estime que 100 parties de ce liquide précieux équivalent à 1300 parties de crottin de cheval frais et à 600 parties de bouse de vache fraîche. L'azote qu'elle dégage à l'état de carbonate d'ammoniaque, provient de la décomposition de l'urée qui y est combinée avec l'acide lactique et libre en partie, et de l'acide urique. Il se perd de cette manière près de la moitié de son azote. Comme il est important de chercher à le fixer, on y parviendra en mettant dans les réservoirs d'urine du plâtre (sulfate de chaux), dont l'acide sulfurique s'empare de l'ammoniaque, et comme le sulfate d'ammoniaque formé n'est pas un sel volatil, on conserve facilement de cette manière tout l'azote des urines. On peut encore y parvenir au moyen du muriate de chaux (chlorure de calcium). D'après M. Boussingault 400 kilogrammes de sel ammoniac (chlorure d'ammonium ou muriate d'ammoniaque), qui se forme dans ce cas, renferment 26 kilogrammes d'azote, c'est-à-dire une quantité qui est contenue dans 1200 kilogrammes de graines de froment, 1480 kilogrammes de graines d'orge, ou 2500 kilogrammes de foin. On comprend que les moyens employés pour fixer l'azote peuvent servir utilement à désinfecter les lieux d'aisance, car ce n'est guères que les sels ammoniacaux (carbonate d'ammoniaque, sulfhydrate d'ammoniaque) qui y répandent des odeurs infectes. Mais si l'urine fournit déjà une si grande quantité de gaz précieux, elle contient encore une quantité remarquable de sels fertilisants, tels que du phosphate de soude, du bi-phosphate d'ammoniaque, du phosphate de magnésie et de chaux, de sel de cuisine en assez forte quantité, et des sulfates de potasse et de soude. Et comme on sait que toutes les graines des céréales contiennent une quantité notable de phosphate d'ammoniaque et de magnésie, on voit de quelle importance ces sels sont pour les terres à céréales.

Excréments solides de l'homme. D'après l'analyse qui en a été faite par le célèbre chimiste Berzélius, ce sont ceux de tous les excréments animaux qui contiennent le plus d'azote, et qui sont par conséquent les plus capables d'améliorer la qualité des grains, puisqu'il a été prouvé que plus les céréales contiennent d'azote (dans le gluten), plus elles sont nourrissantes. Ils renferment de 1 ½ jusqu'à 5 pour cent d'azote, et en outre une quantité considérable de phosphate de chaux et de magnésie. L'emploi des excréments humains est encore avantageux sous un autre rapport, c'est en ce qu'ils ne ramènent pas aux champs, comme les autres excréments, les graines des mauvaises herbes qui n'ont pas été digérées par les animaux. Aussi le botaniste Ingenhous, qui a accompagné une ambassade hollandaise en Chine, vers la fin du siècle dernier, a-t-il remarqué que l'emploi de cet engrais dans ce pays a amené avec lui la destruction de toutes les mauvaises herbes dans les champs.

Poudrettes. M. Liebig observe que les excréments humains desséchés à l'air perdent plus de la moitié de leur azote. « Leur efficacité, dit-il, serait double, « et même triple, si avant de les dessécher on les « neutralisait (si on fixait l'ammoniaque) au moyen « d'acides minéraux (acides sulfurique et hydrochlo- « rique), que l'on peut se procurer à si bas prix. » Effectivement ces acides, achetés en grand, ne coûtent guères que vingt à vingt-cinq centimes la livre. On doit cependant prendre garde d'employer la chaux pure pour désinfecter la matière fécale; car elle en chasserait tout l'ammoniaque. Beaucoup d'agronomes distingués du reste, mais peu familiarisés avec les réactions chimiques, ont recommandé d'ajouter de la chaux ou de la marne à la gadoue et aux autres fumiers; c'est une pratique très-mauvaise, puisque l'on en chasserait ainsi tout l'ammoniaque.

§. 2. *Bouse de vache.*

Quoique cet engrais renferme encore passablement de l'azote, il agit plus par les sels qu'il contient, comme le phosphate de chaux, le sel marin et le silicate de potasse, que par ce gaz. M. Liebig dit qu'il contient de 9 à 28 pour cent de ces sels, ce qui explique sa valeur comme engrais. La bouse de vache fraîche renferme de 75 à 80 pour cent d'eau, même davantage quelquefois. Comme cet engrais est toujours mêlé avec de la litière, on ne saurait estimer au juste sa valeur réelle, ce qui est cependant important à savoir, puisque sa plus ou moins grande concentration peut amener de si grandes variations dans son activité. Afin de fixer les cultivateurs sur ce point, nous allons emprunter à la *Maison rustique du dix-neuvième siècle* quelques idées utiles sur les qualités du fumier des bêtes à cornes : « Un bon fumier, dit M. F. Malepeyre, est « un fumier de bêtes à cornes saines et en bon état, « nourries à l'étable, avec abondance, avec des ali- « ments de bonne qualité, en partie secs et en « partie verts, et recevant une quantité suffisante « de litière pour absorber toutes les déjections. Ce « fumier, au moment où on le répand sur les terres « auxquelles il doit rendre la fécondité, a éprouvé « non pas une fermentation prolongée qui a vola- « tilisé une grande partie des principes qu'il con- « tenait, mais plutôt une macération qui lui a « donné un aspect gras, qui en a amolli et aplati « toutes les pailles et rendu toutes les parties ho- « mogènes. Dans cet état moyen d'humidité le fu- « mier, quand c'est la paille qui a servi de litière, « doit peser 730 à 760 kilogrammes le mètre cube « (50 à 60 livres le pied cube), sous la pression « qu'il éprouverait dans une charrette, où on le « chargerait pour le transporter aux champs. Ordi-

« nairement la *quantité de fumier* qu'on transporte « est calculée par charges ou chars, à quatre ou à « deux chevaux, quelquefois aussi par chariots à « un cheval. La charge d'un char attelé de quatre « chevaux, est de 40 pieds cubes de bon fumier, « ou de 1000 kilogrammes, et celle d'un char à « deux chevaux, de 25 pieds cubes ou de 625 kilo- « grammes. Il existe peu d'expériences sur le poids « comparatif des fumiers à différents états. M. Block « estime que le fumier des bêtes à cornes nourries « avec des aliments secs, contient 75 pour cent de « son poids d'humidité, et 80 quand ils sont don- « nés en vert. Dans des expériences faites en 1830 « par M. le baron de Voght, pour s'assurer de l'ac- « tion des engrais sur la production, ce savant agro- « nome a trouvé que divers fumiers, ainsi qu'un « compost, présentaient par pied cube les poids « suivants : *Bœufs*, fumier gras, 26 kilogrammes; « fumier frais, $21^{k},5$. *Chevaux*, fumier gras, $17^{k},25$; « fumier après huit jours de fermentation, $13^{k},62$; « fumier frais, $13^{k},50$. *Compost*, de deux tiers de « fumier frais de bœuf et un tiers de terre grasse, « gazon et herbes parasites, 30 kilogrammes. »

Urine des bêtes à cornes. Les urines des bêtes qui ne se nourrissent que de végétaux se font remarquer par l'absence des phosphates. L'urine de vache est formée, d'après le chimiste Rouelle, outre l'eau d'urée, de sulfate de potasse, de carbonate de potasse (potasse ordinaire des cendres) et de magnésie d'uro-benzoate de potasse et de chlorure de potassium : tous sels très-favorables à la végétation. Ces urines sont excellentes pour les prairies tant naturelles qu'artificielles. Aussi recommanderont-nous fortement aux cultivateurs de les recueillir avec soin. Pour cela on établit une fosse murée à côté des étables, dans laquelle on dirige toutes les urines au moyen de rigoles creusées derrière les animaux. Il va sans dire qu'il est convenable que le pavé de ces étables soit un peu en pente, afin que les urines puissent se diriger facilement vers les rigoles.

§. 3. *Crottin de cheval.*

Suivant M. Liebig, le crottin de cheval renferme de 70 à 75 pour cent d'eau. D'après MM. Macaire et Marcet, la fiente desséchée donne par l'incinération 27 pour cent de sels. « Suivant mes propres « expériences, dit le chimiste allemand, la fiente « d'un cheval qui avait été nourri avec de la paille « hâchée, avec de l'avoine et du foin, ne laissa que « 10 pour cent de ces matières. Par 1800 ou 2000 « kilogrammes de crottin frais, équivalant à 500 « kilogrammes de crottin sec, on porte donc sur « les terres 1242 à 1500 kilogrammes d'eau, 365 « à 450 kilogrammes de matière végétale et de bile « altérée, et enfin 50 à 135 kilogrammes de sels « et de substances inorganiques (terreuses). *Ces « dernières sont principalement à considérer;* elles « faisaient toutes parties de la substance du foin, « de la paille et de l'avoine, avec lesquels on avait

« nourri le cheval. Elles se composent essentielle-
« ment de phosphate de chaux et de magnésie, de
« carbonate de chaux et de silicate de potasse; ce
« dernier sel prédominait dans le sol : les phos-
« phates se trouvaient en abondance dans les graines.
« Par 500 kilogrammes de crottin de cheval, on
« porte donc sur les terres, en maximum, les sub-
« stances inorganiques de 3000 kilogrammes de
« foin ou de 4150 kilogrammes d'avoine, ce qui
« suffit pour approvisionner de potasse et de phos-
« phate une récolte et demie de froment. »

Urine de cheval. D'après les chimistes Fourcroy, Vauquelin et Chevreul, cette urine renferme du carbonate de chaux, du carbonate de magnésie, de la soude, de l'uro-benzoate de soude, du sulfate de potasse, du chlorure de potassium et de l'urée : elle est, suivant M. Liebig, quatre fois moins riche en azote que celle de l'homme. Elle convient parfaitement aux terres à céréales et aux prairies surtout, puisqu'elle peut leur fournir abondamment de la potasse, de la soude et de la magnésie. Nous recommandons aux cultivateurs de prendre les mêmes soins de sa conservation que de l'urine des bêtes à cornes.

§. 4. *Fumier de porc.*

C'est un engrais très-actif. On préfère celui qui provient des porcs renfermés dans des étables pour être engraissés; d'abord, parce que ses parties actives sont plus concentrées; ensuite, parce qu'il est mêlé d'urine, qui contient beaucoup de phosphate de magnésie et d'ammoniaque. Il a encore l'avantage, sur celui qui provient des porcs qui pâturent en liberté, d'être mêlé avec de la litière, qui en amortit la trop grande force. Il est bon de le conserver dans des citernes, tant à cause de ses exhalaisons insupportables, qu'à cause des pertes qu'il éprouve en plein air. L'abbé Rozier en recommande surtout l'emploi pour les terres compactes et argileuses; et Berra, agronome italien, en vante beaucoup l'efficacité sur les prés arrosés ou *marchites* du Bas-Milanais; il observe cependant qu'il faut avoir soin de ne le répandre qu'après la coupe de l'herbe, sans cela il brûlerait les jeunes tiges. Berra estime que dix porcs à l'engrais produisent une quantité suffisante pour 25 à 30 perches de prés.

§. 5. *Excréments des moutons et des chèvres.*

Ils se font également remarquer par l'activité que leur donne leur concentration et la grande quantité de sels qu'ils contiennent. L'abbé Rozier dit que le fumier de mouton exige, plus qu'un autre, d'être mis à l'abri de l'ardeur du soleil, à cause de sa grande facilité à fermenter; il veut avec raison que, si on n'a pas de fosse pour l'y conserver, on l'environne au moins avec de la terre, et qu'on y étende une couche de terre chaque fois qu'on amène une nouvelle quantité de fumier de l'étable. Il a calculé que, si un troupeau ne parque point, chaque bête qui le compose doit faire par an quatre tombereaux de fumier, lorsqu'on a soin de ne pas épargner la paille ou les feuilles, et de sortir une fois par semaine la litière de l'étable; que, si le troupeau parque, on doit avoir au moins deux tombereaux de fumier par bête. Tout le monde connaît les avantages du parcage des moutons sur les prés et les champs.

§. 6. *Excréments des oiseaux de basse-cour.*

Colombine. « La fiente de pigeon, » dit l'abbé Rozier, « est le plus actif des engrais de cet ordre.... « Ce n'est pas par la chaleur que la colombine brûle « les plantes, mais par la quantité de sels qu'elle « contient; sels qui corrodent les plantes. Avant de « s'en servir, on doit la laisser amoncelée au moins « pendant un an, et il vaut encore mieux la réduire « en poudre lorsqu'elle est bien sèche, afin de la « répandre sur les blés, sur les chanvres, etc., dans « la saison des pluies; de cette manière elle est très-« utile, et si on s'en sert pendant la sécheresse, elle « est très-nuisible. — La colombine répandue sur « les prés, fait périr les mousses et autres plantes « de ce genre qui les détruisent peu à peu. » — La colombine, malgré ses bonnes qualités comme engrais, surtout sur les terres froides ou argileuses, est peu employée en France, excepté dans les départements septentrionaux, principalement dans celui du Nord. Un colombier de 4 à 500 pigeons s'y loue jusqu'à 80 francs; il peut faire l'engrais d'un demi-bonnier (80 ares environ). On l'emploie en Flandre à l'état de poudre grossière en couverture sur les prairies artificielles et naturelles, et sur toutes sortes de récoltes, surtout sur les lins, et sur les pépinières de choux et de colza. Tessier recommande dans ses *Annales de l'agriculture*, quand les blés d'hiver ont souffert, ou quand on craint que la terre ne soit pas suffisamment amendée par les fumures antérieures, d'y répandre pendant le mois de mars de la colombine desséchée. Vers la fin de mars, dit-il, les petites pluies la font entrer en terre au grand bénéfice des plantes.

Les excréments des autres volailles, telles que les poules, les dindes, les oies, les canards, etc., jouissent à peu près des mêmes propriétés que la colombine; je dis, à peu près, car ils contiennent un peu moins de sels, à cause de la moindre quantité de grains que mangent ces animaux. Il est également nécessaire de les laisser fermenter longtemps avant de les employer. Mais si on voulait les employer de suite, ainsi que la colombine, on devrait les mélanger avec au moins trois fois leur volume de terre. Cette méthode aurait même un grand avantage sur l'autre, en ce qu'on conserverait ainsi beaucoup de gaz précieux qui se perdent par la fermentation. On conçoit que l'emploi du plâtre ne peut être que très-utile pour cette sorte d'engrais, comme pour tous les engrais animaux, en ce qu'il empêche l'ammoniaque de se perdre dans l'espace. Les excréments des oiseaux de basse-cour sont surtout riches en urates de chaux.

§. 7. *Les os.*

On conçoit facilement l'importance que les os doivent avoir comme engrais, quand on considère qu'ils se forment avec les substances que les animaux retirent des plantes qui leur servent de nourriture. « Les sources, » dit M. Liebig, « où les os puisent « leurs principes, sont la paille, le foin, en général, « le fourrage que mangent les animaux. Si l'on ad- « met, suivant Berzélius, que les os renferment 55 « pour cent de phosphate de chaux et de phos- « phate de magnésie, et que d'un autre côté le foin « en contienne autant que la paille de froment, il est « clair que 8 kilogrammes d'os contiendront autant « de phosphate de chaux que 1000 kilogrammes de « foin ou de paille de froment, ou 2 kilogrammes « d'os autant qu'il s'en trouve dans 1000 kilogrammes « de froment ou d'avoine. » M. Liebig ne donne cependant ces chiffres que comme approximatifs, parce que ces sortes d'évaluations ne sauraient jamais être absolues; elles peuvent néanmoins servir utilement à la propagation des idées saines en agriculture. Continuons à citer ces évaluations ingénieuses : « 20 « kilogrammes d'os frais répandus sur un arpent de « 2400 mètres d'étendue, pourvoiraient de phos- « phates trois récoltes de froment, de trèfle ou de « légumineuses. L'état dans lequel on y amène ces « phosphates ne paraît pas être indifférent; plus les os

« seront pulvérisés et intimement mélangés avec la « terre, mieux ils seront nécessairement assimilés. « Le procédé le plus convenable serait, sans con- « tredit, de réduire les os en poudre fine, de les « mettre pendant quelque temps en digestion avec « la moitié de leur poids d'acide sulfurique, étendu « de trois à quatre parties d'eau, et d'arroser enfin « le sol avant d'y donner le labour, avec ce même « acide. De cette manière, l'acide libre se combine- « rait instantanément avec les principes basiques « (les terres, la chaux, la potasse et la magnésie) « du sol et y répandrait uniformément un sel neutre « produit. » M. Liebig recommande à ce sujet aux cultivateurs d'utiliser la dissolution des sels des os qu'on jette dans les fabriques de gélatine. L'acide sulfurique, qui sert de dissolvant au phosphate de chaux dans ces fabriques, se combinerait avec la chaux, etc., de la terre et avec l'ammoniaque de l'air et des eaux pluviales, ce qui amènerait un double résultat favorable à la végétation. — Mais ce ne sont pas les sels seuls qui agissent dans les os qu'on emploie comme engrais; la gélatine qu'ils contiennent, dans la proportion de 32 à 33 pour cent, est un corps très-azoté, et 100 parties d'os peuvent être regardées, pour leur gélatine, comme l'équivalent de 250 parties d'urine humaine (Liebig). Aussi les Flamands, dont la culture a servi de modèle aux pays les plus avancés en agriculture, comme l'Angleterre et l'Allemagne, estiment-ils les os à leur juste valeur comme engrais.

§. 8. *Noir animal ou noir d'os.*

On peut dire du noir animal la même chose que ce qui a été dit des os considérés au point de vue des sels qu'ils contiennent, puisque la calcination ne saurait les en faire disparaître. Le noir animal convient mieux aux terres froides et humides des plaines qu'aux sols élevés et secs. M. Brémond de Chollet, qui a beaucoup employé cet engrais, et qui a consigné les résultats de son expérience dans le *Journal d'agriculture des Pays-Bas* (tome 10), conseille de ne pas en mettre plus de deux années de suite sur le même sol, parce qu'il l'épuise. Il l'emploie dans la proportion de 400 à 500 kilogr. par hectare. — Nous aurions à parler ici de l'influence du charbon animal sur la végétation, mais nous en parlerons plus loin à propos du charbon végétal, puisque leur action est la même sur les gaz de l'atmosphère.

§. 9. *Autres produits animaux.*

« La laine, les chiffons, les crins, la bourre, les « sabots et la corne à l'état récent, sont des engrais « très-azotés ; ils sont d'autant plus utiles à la végé- « tation, qu'ils contiennent en outre des phosphates. » (Liebig.) — Le sang et les débris d'animaux qui se perdent dans les boucheries ou dans le ménage, pourraient être utilisés aussi très-avantageusement, ainsi que les corps des animaux domestiques qu'on a l'habitude de jeter ordinairement. — « Les plumes

« grossières, rejetées des applications de la literie, « aux fournitures de bureaux, etc., constituent un « excellent engrais, facile à répandre avec la semence. « On les paye jusqu'à 60 fr. les 100 kilogr. pour la « culture des champs de la Romagne. » (MM. Payen et Boussingault, Mémoire sur les engrais, Annales de chimie et de physique, tome 3, 1841). Elles représentent jusqu'à 38 à 44 fois leur poids de fumier ordinaire des fermes. — « Les *chiffons de laine,* » disent ces Messieurs, « s'emploient avec avantage « pour l'engrais des vignes, des oliviers et des mû« riers dans le Midi. On les y emploie depuis long« temps. C'est un des plus riches engrais et coûte « moitié moins cher que le fumier, car il est 15 « fois plus actif. Il convient de diviser le plus pos« sible les chiffons avant de les répandre. » — Voici quelques autres estimations de ces Messieurs, de la capacité fertilisante de plusieurs engrais peu employés : *Sang coagulé* et *râpure de cornes;* leur valeur s'élève jusqu'à 36 fois celle du fumier ordinaire. — *Bourres de poils de bœufs.* Cet engrais représente 34 fois la valeur du fumier ordinaire. — *La chair sèche,* 32 fois. — *La morue salée putréfiée* représente près de 17 fois la valeur du fumier ordinaire, et épuisée de sel, pressée et desséchée, elle vaut plus du double. Le *sang coagulé humide* vaut 12 fois son poids de fumier ordinaire. — Les *hannetons* représentent 4 fois cette valeur. — Le *pain de creton* ou marc des graisses de bœufs, veaux et moutons traitées par les fondeurs de suif, est un des engrais les plus riches, selon ces chimistes. Ils recommandent encore à l'attention des cultivateurs, les *marcs de colle*, qui renferment des substances tendineuses et cutanées, des poils, quelques débris de cornes, d'os et de muscles, et en outre un savon calcaire et des matières terreuses; *les literies* et *chrysalides des vers à soie*, dont ils estiment les premières à trois fois et les dernières à cinq fois la valeur du fumier ordinaire.

§. 10. *Engrais animaux composés.*

Résidu des raffineries de sucre.

Un membre distingué de la Société centrale d'agriculture, le baron de Ladoucette, a fait à cette société savante le rapport suivant sur cet engrais, dans la séance du 2 mai 1832 : « Le Journal d'agriculture des Pays-Bas (janvier 1831) contient le détail d'expériences déjà connues sur la force de l'engrais provenant du résidu des fabriques de sucre... Ces résidus, outre la partie brute (noir animal), contiennent une sorte de mucilage, du sang de bœuf employé pour la clarification, des parties de sucre non divisées et plusieurs autres matières détachées du sucre brut. C'est peut-être l'engrais le plus puissant que l'on connaisse. Son effet est si grand, qu'il faut bien consulter le terrain et les circonstances pour ne pas en employer trop; la quantité en varie de 3 à 6 hectolitres par hectare. L'effet le plus admirable de cet engrais se remarque dans les champs argileux, humides et froids; on n'ose s'en servir qu'avec précaution et en moindre quantité dans les terres sèches et légères. Il peut se mêler avec d'autres engrais, par exemple, avec le fumier consommé et le terreau, la vase d'étang bien remuée, la tourbe, etc. : si l'on veut en tirer un grand profit, on ne doit pas toujours l'employer seul, mais l'alterner avec le fumier, surtout de gros bétail. De cette manière on peut amener un pays pauvre à une prospérité croissante. L'effet du résidu de sucre ne dure que deux ans; il y a des terrains où on le remarque à peine la seconde année; mais alors on le renforce d'une demi-fumure pour avoir de riches récoltes de blé ou de plantes qui épuisent le sol. Le résidu de sucre est l'engrais préférable pour toutes sortes de choux-raves, etc.; il produit un très-bon effet sur les prés froids et humides; mais on ne peut l'y répandre qu'au printemps après qu'ils sont ressuyés. Les raffineries de Belgique, de Hollande, du nord de l'Allemagne et même de Russie, envoient en très-grande quantité leur résidu à Nantes, où il s'en trouve un dépôt. Il y est très-recherché, payé fort cher, et l'emploi s'en répand sur les bords de la Loire et même dans l'intérieur de la Vendée. » C'est M. Payen qui introduisit le noir animal dans le raffinage du sucre. Dans le mémoire cité plus haut, il dit que depuis 1824 où il a fait connaître ses propriétés, plus de 10 millions de kilogrammes de noir animal, provenant des opérations du raffinage, ont chaque année enrichi notre agriculture, principalement dans l'Orne, le Calvados et d'autres départements de l'Ouest. Voici des détails sur cet engrais, extraits de ce mémoire. Nous ne craignons pas d'endurer le blâme de dire deux fois la même chose, surtout puisque ces détails sont beaucoup plus complets que ceux dans lesquels est entré M. de Ladoucette. « L'engrais en question est composé de charbon d'os en poudre fine, aggloméré par le sang « que l'on emploie pour la clarification des sirops, « et qui se coagule dans les chaudières : ce mélange « retient interposée la faible proportion de solution « sucrée que les lavages et la pression n'ont pu extraire. Il contient, à l'état sec, de 20 à 22 centièmes de sang, auquel il doit son action principale, mais dont il modère d'une manière tellement « convenable la décomposition dans le sol, que cette « quantité de matière organique agit de 5 à 6 fois « plus que le sang employé seul. C'est un fait si bien « reconnu aujourd'hui en pratique, que tout le noir « résidu des raffineries réalise, comme engrais, une « valeur proportionnée à sa réaction, c'est-à-dire, « égale à celle d'une quantité sextuple de sang ou « d'une quantité équivalente des différents engrais. » Cette efficacité est fondée sur la *loi* reconnue par MM. Payen et Boussingault, à savoir : « que les plantes profitent d'autant mieux des émanations des engrais, « que ceux-ci suivent de plus près, dans leur décomposition, les progrès du développement des végétaux ; » car le noir animal ne laisse que peu à peu les matières putrescibles se décomposer dans le sol.

Noir animalisé de MM. Salmon et Payen.

Voici sa composition telle qu'elle est indiquée dans le Mémoire sur les engrais, de MM. Payen et Boussingault, indiqué plus haut. « Ce noir se pré-« pare en fabriquant d'abord une substance char-« bonneuse avec de la terre végétale calcaire, cal-« cinée au rouge-brun en vases clos : le charbon ter-« reux, mélangé à deux ou trois reprises avec de la « matière fécale jusqu'à saturation de la propriété « désinfectante, reçoit ensuite 4 à 5 centièmes de « sang coagulé et pressé. L'engrais ainsi obtenu, « possède en général les mêmes qualités que le noir « des raffineries. » Nous allons donner sur cet engrais remarquable des considérations extraites des *Annales de l'agriculture* de Tessier (avril 1833) : « La pro-« priété d'absorber et de condenser les gaz appar-« tient non-seulement au charbon d'origine animale, « mais encore au charbon de bois, et en général à « tous les corps poreux; mais il faut pour cela que « ces corps aient été préalablement privés d'humidité. « M. Payen s'est livré à des recherches intéressantes « sur l'emploi du charbon animal. C'est lui qui l'in-« troduisit dans le raffinage du sucre. — M. Payen « a cherché aussi les moyens d'utiliser les animaux « morts. Dans un mémoire couronné par la Société « centrale d'agriculture en 1829, il a démontré « par des faits nombreux, que l'on pourrait tirer le « plus grand parti possible des engrais non consom-« més et des débris des animaux non putréfiés. Il a

« fait connaître en même temps l'influence favorable « d'une fermentation ralentie et proportionnée au « développement de la végétation. Dans cet intéres- « sant mémoire, l'auteur indiquait déjà comme un « des moyens les plus propres à atteindre le but qu'il « se proposait, l'absorption des matières organiques « azotées molles (le sang, la matière fécale, les in- « testins, la cervelle, etc.) par des terres séchées au « four. Ce résultat important était le premier pas à « faire pour présenter aux plantes des matières ani- « males non encore décomposées dans un grand état « de division. En 1831, M. Salmon, habile manu- « facturier, parvint à réunir, dans une fabrication « économique, toutes les conditions utiles que peut « offrir une poudre poreuse, absorbante et charbon- « neuse, chargée le plus possible de matières orga- « niques animales; on pressentit dès lors en agricul- « ture l'immense avantage d'un semblable engrais. « M. Payen s'empressa aussitôt d'unir ses efforts à « ceux de MM. Salmon et Lupé, pour accélérer le « développement d'une industrie qui doit avoir une « grande influence sur l'agriculture. Les essais qui « ont été tentés dans diverses localités avec cet en- « grais, sont venus confirmer les prévisions que l'on « avait eues sur son efficacité. Le noir animalisé, en « raison de son action douce et graduée, peut être « mis en contact non-seulement avec les graines, « mais encore avec les tiges herbacées et les racines « des plantes; il n'en est pas de même d'une foule « d'engrais, tels que la poudrette, l'urine, etc. —

« On a déjà remarqué dans la pratique, que le noir « animalisé activait quelquefois moins rapidement « les premiers développements des tiges herbacées « et des feuilles que les autres engrais; mais que son « action favorisait beaucoup mieux la fructification. « MM. Briaune et Bella à Grignon ont observé que, « comparativement avec la poudrette, le produit en « graines en maturité avait été, pour la même sur- « face, fumée par le noir animalisé, d'un cinquième « au moins plus considérable. Ce fait a été observé « également dans d'autres cultures pour les céréales, « le colza, le chanvre, le lin, le trèfle, les bettera- « ves, les navets, etc. On a remarqué aussi que les « fourrages, à l'instant de la fauchaison, présen- « taient le même accroissement de produit, bien « que parfois les premiers degrés de la végétation « aient été moins rapides. Semé sur les prairies ar- « tificielles et naturelles, sur les gazons, les blés « sortis de 3 ou 4 pouces, le noir animalisé ne « tarde pas à produire une nuance verte plus foncée « et une activité de végétation soutenue. On nous « a assuré également que dans les jardins, les plantes « potagères fumées avec 4 ou 5 fois plus de noir « animalisé que dans la grande culture, acquéraient « graduellement des dimensions considérables. »

Engrais-sang.

« On prépare actuellement en Angleterre du sang « solidifié avec 0,035 de chaux mêlé à 0,12 de char- « bon très-fin ou de suie de houille, puis desséché.

« Ce mélange est de 5 à 6 fois plus riche que le « noir des raffineries, mais il dégage une odeur pu« tride. » (Second mémoire sur les engrais, de MM. Payen et Boussingault, Annales de chimie et de physique, 1842). C'est probablement la présence de la chaux qui occasionne cette odeur par le dégagement d'ammoniaque qu'elle produit; nous pensons donc que, si on remplaçait la chaux par le plâtre, cet inconvénient n'existerait plus; car l'acide sulfurique du plâtre fixerait l'ammoniaque.

Herbes marines animalisées.

On prépare, aux environs de Marseille, un engrais qui porte ce nom, et qui, selon MM. Payen et Boussingault, a six fois la valeur du fumier ordinaire des fermes.

Matière fécale, désinfectée avec les cendres de la houille.

Dans la relation de la séance du 27 mars 1833 de la Société centrale d'agriculture, Tessier rapporte les détails suivants sur cet engrais : « M. le secré« taire de la Société d'agriculture de Saint-Omer a « transmis à la Société centrale le procédé par le« quel M. Damard-Vincent, pharmacien dans cette « ville, est parvenu à former un nouvel engrais très« fertile et facile à transporter : ce sont les cendres « de la houille qui lui ont servi à confectionner cet « engrais; il les mêle avec les matières extraites des « fosses d'aisance, jusqu'à la quantité nécessaire pour « faire un mélange solide : cette cendre de houille

« absorbe tout à coup la mauvaise odeur de la gadoue, et la convertit par le mélange bien fait en une matière friable, sèche, presque sans odeur, qu'on peut facilement transporter. On a, par ce moyen, une espèce de poudrette qui ne coûte que très-peu de main-d'œuvre, qui se fabrique en un instant, d'une extrême fertilité, bien moins coûteuse que celle de Montfaucon, là où la cendre de houille est peu coûteuse. Ces cendres, ainsi employées, permettront d'utiliser tous les résidus liquides des fosses d'aisance, que l'ancienne manière de fabriquer la poudrette laissait perdre. » (Annales d'agriculture, 1833).

CHAPITRE II.

Engrais végétaux.

§. 1. *Enfouissement des plantes vertes.*

Voilà une de ces pratiques agricoles dont l'importance ne saurait être assez vantée, et cependant combien n'a-t-elle pas été négligée jusqu'ici? Quand on pense qu'il y a des départements, principalement dans l'ouest, où la *jachère* compte encore de nombreux partisans, ne serait-il pas à désirer que cette louable pratique se répande davantage? M. Schnitzler dit, dans sa *Statistique générale de la France*, que le seul département du Finistère, qui voit plus du tiers de son sol couvert de landes et de bruyères, laisse encore tous les ans le tiers de ses terres labourées en jachère. Cela est vraiment déplorable ! Et cependant l'usage d'enfouir les plantes vertes est pratiqué depuis des siècles ! Voici ce qu'on trouve à ce sujet dans une note savante de l'édition d'Olivier de Serres de 1804, rédigée par un habile agronome, Yvart. « L'usage de fertiliser la terre en « y enfouissant en fleurs les féves, les vesces, les « pois, les lupins et autres plantes légumineuses, « remonte à la plus haute antiquité ; et il paraît « par différents passages de Caton, Columelle, Var- « ron, Virgile et Pline, que les anciens faisaient le « plus grand cas de cet engrais végétal, qui, s'il n'est « le plus puissant, est au moins le plus économique « de tous. Quoique la nature nous l'indique forte- « ment par les exemples encourageants qu'elle met « constamment sous nos yeux, il ne paraît pas que « les cultivateurs modernes en fassent l'emploi que « mérite un engrais si précieux, qu'il est si facile « de se procurer partout, et qui est si recomman- « dable pour les terres éloignées, ou d'un difficile « accès. S'il n'a pas toute la force et la durée des « engrais animaux, il est exempt aussi des incon- « vénients qui les font proscrire des meilleurs vi- « gnobles, et c'est là surtout que l'on devrait l'em- « ployer souvent à l'imitation des anciens ; il est si « économique, que les partisans des jachères, qui « le plus souvent n'ont aucun engrais à donner à « leurs terres, au lieu de les fatiguer par de fré- « quents et onéreux labours, devraient au moins « chercher à les engraisser, en y enfouissant les

« plantes qu'ils y sèmeraient à loisir. J'observerai « que le sarrasin ou blé noir, dont je fais annuel- « lement un grand usage, avec un succès constant, « m'a paru aussi efficace et beaucoup plus écono- « mique que les légumineuses précitées, que j'ai « plusieurs fois semées comparativement. » Yvart dit encore plus loin du sarrasin que « quinze à vingt « kilogrammes de semence, qui ne coûtent ordi- « nairement qu'un franc 50 centimes à 2 francs, « suffisent pour un demi-hectare. On peut l'enfouir « deux mois après l'avoir semé; il étouffe par son « ombre les plantes nuisibles pendant sa végéta- « tion, et il est promptement réduit en terreau « lorsqu'il est enfoui. » Ces plantes, ainsi enfouies, agissent non-seulement par les sels qu'elles contiennent, ou par l'azote qu'elles fournissent, mais encore en rendant la terre plus légère, plus poreuse, plus accessible par conséquent à l'air; et par la transformation de leur ligneux en humus ou terre végétale, elles fournissent aux jeunes plantes le carbone dont elles ont besoin. Cette production d'humus est très-importante à considérer, car, dit M. Liebig « le rendement des graines et des racines est en rapport avec les matières nutritives qu'on présente au végétal, dans le premier temps de son développement, sous forme d'humus et d'ammoniaque. Celui-là fournit l'acide carbonique, celle-ci l'azote. On parvient à produire l'humus, ajoute-t-il, par l'ensemencement des jachères avec des trèfles, du seigle, des lupins, du blé-sarrasin, etc., par l'enfouissement de ces plantes à l'approche de la floraison et par l'ameublissement du sol.» Cependant il observe qu'on arrive au même but, et même d'une manière plus complète et plus sûre, en ensemençant la terre de sainfoin ou de luzerne. «Ces plantes, dit-il, comme toutes celles qui se distinguent par la richesse des feuilles et des racines, n'empruntent au sol qu'une petite quantité de matières inorganiques» et par conséquent ne l'épuisent pas. De là l'immense bien que la culture des prairies artificielles a déjà produit.

§. 2. *Divers engrais végétaux.*

Tourteaux de plantes oléagineuses. MM. Payen et Boussingault les rangent dans l'ordre suivant pour leur efficacité comme engrais : 1.° Tourteaux d'*arachis hypogea,* qui équivalent à 20 fois leur poids de fumier ordinaire; 2.° Tourteaux de lin, de pavots, de noix, de *madia sativa,* de cameline, qui équivalent à 13 fois leur poids de fumier ordinaire. 3.° Tourteaux de colza, qui équivalent à plus de 12 fois leur poids de fumier ordinaire; 4.° Tourteaux de chenevis et de graines de coton, qui équivalent à 10 fois et demie leur poids de fumier ordinaire; 5.° Tourteaux de faînes, qui équivalent à environ 8 fois leur poids de fumier ordinaire.

Ces tourteaux s'emploient avec grand profit sur les prairies. C'est ainsi qu'on emploie avec succès les tourteaux de graines de colza sur les prés arrosés ou marchites du Bas-Milanais, d'après M. L. C. Michel, qui a étudié la culture des prairies de ce pays. « On réduit, dit-il, les pains en farine, que l'on « répand sur les prés comme le plâtre. Il en faut « 140 ou 150 livres tout au plus par perche. Afin « de rendre cet engrais plus actif, on le mélange « quelquefois avec la chaux, dans la proportion de « sept parties de pains sur une de chaux. Ce mé« lange doit avoir lieu dix jours au moins avant « de le répandre sur le pré, et il faut avoir soin « de le remuer à plusieurs reprises. Si l'on se sert « de cet engrais en automne, il est essentiel de le « répandre longtemps avant l'époque de l'irriga« tion. » Les Flamands estiment beaucoup les tourteaux de graines de colza pour les terres à lin et pour fumer le colza. Ils s'en servent aussi en poudre ou délayés dans l'eau. Les Anglais les emploient aussi beaucoup dans leur agriculture comme engrais. Comme les tourteaux de graines oléagineuses peuvent brûler les semences, M. Vilmorin recommande, d'après l'expérience de Duhamel et la sienne propre, de semer l'engrais séparément le premier, et de ne mettre les graines en terre que dix ou douze jours après. (Séance du 14 novembre 1832 de la Société centrale d'agriculture; Annales de l'agriculture de Tessier, tome 11.) M. Puvis observa à cette occasion que chez lui on ne sème jamais sur un engrais de tourteaux de graines oléagineuses, qu'après avoir donné à l'engrais le temps de fermenter en terre.

Suie. La suie est un excellent engrais. On l'emploie en poudre, soit sur des semailles tardives, soit sur des prairies artificielles, soit sur les prairies naturelles, où elle a la propriété précieuse de faire disparaître les mousses, comme la colombine et l'urine des animaux. La quantité à répandre peut varier depuis quinze jusqu'à trente hectolitres par hectare. Il est préférable de la répandre au mois de mars, où les pluies favorisent son absorption par le sol. La suie de bois vaut trois fois le fumier ordinaire, et celle de la houille trois fois et un tiers, suivant MM. Payen et Boussingault.

Marcs de pommes résultant de la fabrication du cidre. Ces marcs, jetés le plus souvent comme inutiles, peuvent cependant servir avec avantage comme engrais dans les terrains arides, à cause de la quantité assez considérable d'eau qu'ils contiennent encore, ou que leur spongiosité leur donne la faculté de retenir. MM. Payen et Boussingault disent qu'ils ne conviennent pas aux terrains pauvres en calcaire, ou quand on ne les mélange pas avec une certaine quantité de terre, à cause de leur acide (malique), qui nuit aux racines. Mêlés aux cendres, ces inconvénients disparaissent, car la potasse que ces dernières renferment sature cet acide. Ils ajoutent : « En Alsace un de nous fume depuis longtemps, et avec succès, les topinambours avec le marc de pommes, associé au marc de raisins, dans un fond fortement argileux et suffisamment calcaire. »

Marcs de raisins. « Répandus directement ou soumis à une macération spontanée d'une saison à l'autre, ils retiennent, surtout dans les pepins, une matière azotée assez abondante pour que ces marcs équivalent à l'état normal à environ quatre fois et demie leur poids de fumier ordinaire. Cet engrais est surtout convenable pour la fumure des vignes, parce que sa décomposition est lente.» (MM. Payen et Boussingault.)

Indiquons encore les autres engrais les plus remarquables que ces deux savants ont analysés.

« *Pulpe pressée de betteraves.* En sortant des presses, elle contient, à quelques centièmes près, les mêmes proportions de sucre, d'albumine, etc., qu'avant d'être pressée; elle renferme alors 0,7 d'eau et représente les 0,85 de son poids de fumier. — Séchée à l'air, elle vaut trois fois son poids de fumier.»

« *Pulpe de pommes de terre*, lavées pour en extraire la fécule. Elle convient surtout dans les composts, où sa qualité spongieuse entretient l'humidité utile à la désagrégation des parties ligneuses. L'analyse démontre que séchée elle est équivalente au fumier de ferme, et qu'à l'état normal, telle qu'elle sort de la presse, 100 parties de pulpe représentent 131 de fumier humide.»

« *Les eaux de lavage de la pulpe de pommes de terre*, décantées au-dessus de la fécule. M. Dailly, habile agronome, est parvenu à transformer en un engrais réalisant un produit annuel de 1600 francs les eaux d'une grande féculerie qui naguères, par ses fétides exhalaisons, lui occasionnaient un préjudice considérable. Cette eau équivaut à 0,17 de fumier humide : elle peut être utilement employée en irrigations sur les terres légèrement inclinées dont on baigne successivement les parties à fertiliser. Ces eaux *déposent*, dans leur réservoir, des matières organiques insolubles qui, desséchées à l'air, équivalent à environ moitié de leur poids de *poudrette* ordinaire. M. Dailly en a fait l'expérience. »

« *Écumes des défécations du jus de betteraves.* Elles ont une réaction alcaline, prononcée à cause de la chaux qu'elles renferment. La matière organique qu'elles contiennent est plus abondante en azote que celle des fumiers. Il faut les laisser dessécher un peu, ou les mêler avec le fumier, délayées dans l'eau. »

Résidu du houblon des brasseries. Il convient pour diviser les terres compactes. Desséché et mêlé à la litière des bestiaux, il sert d'excipient aux urines, et l'accroissement de la proportion de matière azotée est d'autant plus avantageuse, qu'il réduit la proportion et l'influence de la partie non azotée de la matière organique. Il offre encore un autre avantage selon Tessier (Annal. d'agriculture, 1833) : il détruit les insectes par ses dégagements d'alcool, d'acide carbonique et d'huile essentielle qu'il contient encore. C'est sans doute ainsi, dit ce savant agronome, que, répandu en une couche non interrompue sur des pelouses et un pré enclos durant tout l'hiver, il a fait disparaître une foule d'insectes et amené ensuite une vigueur de végétation inaccoutumée.

Goëmon ou *varech.* «On donne ces noms aux algues sur les côtes de la Bretagne. Les algues se rapprochent beaucoup du fumier ordinaire pour leur valeur comme engrais : cela explique les énormes récoltes que l'on en fait sur les côtes de cette province. Ces plantes employées, soit au sortir de la mer, soit à demi desséchées, macérées ou même torréfiées par une incinération partielle, agissent, par les produits de leur matière organique azotée, et par leur faculté hycroscopique (de retenir l'eau); enfin, sans doute aussi par les propriétés stimulantes des composés salins (sel marin, chlorure de potassium, sulfate de potasse, etc.) qu'elles contiennent. On en fait également usage en Écosse et en Irlande comme engrais. Un grand nombre de coquillages, coralines, etc., attachés à ces algues, concourent aux effets utiles de cet engrais.» Ajoutons à ces données de MM. Payen et Boussingault, ce qu'on lit à ce sujet dans le *Journal d'agriculture pratique* (novembre 1838) : « Il faut attribuer à l'emploi du varech comme engrais l'extrême fertilité des côtes qui bordent une partie de la France; partout où il peut être employé, les terrains acquièrent une puissance végétative réellement prodigieuse; c'est grâce à cette algue que sur les côtes de Roscouf et de Plougastel en Bretagne, les artichauts, les choux-fleurs et les asperges poussent en plein champ et fournissent des récoltes abondantes, même dans une saison rigoureuse.»

Sables de mer. 1.° *Merl* (du mot anglais ou plutôt breton *marl*, marne en français). « Le merl, appelé aussi sable de mer, sable vermiculaire, fond de corail, est chimiquement composé pour la plus grande partie de concrétions calcaires contenant environ 0,03 de substance organique riche en azote; il est mêlé de coquillages et de divers débris, et répand une odeur sensible de marée; on le trouve en abondance dans la mer, à l'embouchure de la rivière de Morlaix, où il s'en fait à la drague une exploitation considérable pour l'engrais et l'amendement des terres. Il s'y régénère lentement dit-on. Une gabarre pesant environ 7000 kilogrammes se vend de huit à dix francs. On en exploite encore sur la côte de Plancour-Trez dans la rade de Brest, près de l'embouchure de la rivière de Quimper. Dans l'arrondissement de Morlaix on emploie de 14000 à 28000 kilogrammes de merl par hectare de terre. Il est très-avantageux sur les terres humides et fortes. Il est très-chaud, à cause de la facile décomposition de sa substance azotée. On préfère l'employer récent, avant qu'un commencement de désorganisation lui ait fait perdre une partie de ses qualités. 2.° *Trez* ou *tangue*. Ce sable de mer constitue le sol des plages en pente douce de diverses localités dans l'arrondissement de Morlaix. C'est le même sable fin que l'on désigne sous le nom de *tangue* ou *tanque* sur nos côtes septentrionales. On le répand en quantités plus considérables que le merl; il convient de l'employer récemment extrait. Le trèz plus que le merl agit en allégeant les sols compactes; sa forme grenue permet de l'employer directement pour ameublir les terrains maraichers, où sa substance calcaire et sa matière organique complètent l'action du fumier. Les cultivateurs de ces terrains répandent jusqu'à 40,000 kilogrammes de trèz par hectare. Il contient : eau, 6 pour cent; oxide de fer, 0,60; sable micacé, 20,30; argile, 4; craie, 66; perte, 3,10; qui répond à la matière organique azotée.» (Mém. sur les engrais cité.) On trouve encore dans ces deux intéressants mémoires l'appréciation d'autres substances employées comme engrais, telles que les *radicelles d'orge*, connues chez les brasseurs sous le nom de *touraillons;* les *graines de lupin*, très-employées en Toscane comme engrais, après avoir été légèrement torréfiées; les *plantes de madia* enfouies en fleurs; les *litières et les chrysalides des vers à soie;* les *feuilles d'automne*, etc. On pourra voir, dans le tableau placé à la fin du volume, la valeur de ces diverses substances comme engrais, comparée à celle du fumier ordinaire des fermes à demi-consommé.

§. 3. *Charbon végétal.*

Nous avons déjà vu à l'article *Noir animalisé*, quelles sont les propriétés de cette substance. Nous allons ici compléter l'indication de ces propriétés, en citant l'opinion de M. Liebig sur son action comme engrais : « Récemment calciné, dit-il, le charbon surpasse tous les corps connus par sa faculté de condenser dans ses pores le gaz ammoniaque ; car un volume de charbon absorbe quatre-vingt-dix volumes d'ammoniaque, qui s'en dégage simplement par l'humectation (Saussure).» C'est sur cette faculté étonnante qu'on s'est fondé pour former tous les engrais animaux inodores, qui rendent maintenant de si grands services à l'agriculture.

§. 4. *Autres engrais d'origine végétale.*

Vase des fossés, des étangs. Elle est formée par le mélange des terres et des produits de la décomposition des plantes et des animaux. — Elle est employée avec avantage sur les prés arrosés du Bas-Milanais. — On peut en faire des composts en la mêlant avec des fumiers, ou en l'arrosant de *purin ;* ce dernier compost utilise même très-bien les deux substances et est très-avantageux, en ce qu'il empêche la décomposition des matières organiques et des sels azotés que contient le purin.

Emploi de quelques eaux comme engrais. Le *Journal d'agriculture pratique* (1838) contient sur ce sujet un article que nous croyons utile à être connu : « Les eaux de savon, de lessive, et les eaux d'évier ou de cuisine se perdent presque partout dans les ménages, au grand détriment de l'agriculture. Cependant ces eaux qui, le plus souvent ne servent qu'à embarrasser, salir et rendre insalubres nos maisons d'habitation, contiennent des sels de l'huile, des détritus de toute espèce, et sont très-propres à augmenter la fertilité des terres. Là où ces sortes d'eau sont assez abondantes, on peut les employer à l'arrosement des prairies ou du potager; mais, dans tous les cas, on doit les diriger dans une fosse à fumier : elles ajouteront à ses moyens de fécondation; elles aideront à la décomposition des végétaux qu'on y jettera, et qui se dessécheraient sans profit, faute d'humidité, et elles bonifieront l'engrais qui en proviendra. — Un cultivateur intelligent a disposé deux fosses pour recevoir toutes les eaux de son ménage qui se perdaient inutilement : il en obtient annuellement quarante à cinquante charges de bon fumier, et c'est, d'après les avantages qu'il en retire, que nous avons cru devoir attirer l'attention sur leur utilité.»

CHAPITRE III.

Engrais minéraux ou stimulants.

§. 1.er *Cendres.*

L'utilité des cendres comme engrais est généralement connue, et cependant assez peu de cultivateurs s'en servent. Les Flamands, qu'il faut toujours citer quand on veut parler d'un peuple-modèle en agriculture, ont su les apprécier depuis longtemps, et ils les répandent non-seulement sur les prés, mais encore sur les champs. Ils ont l'habitude d'en répandre environ 6 paniers d'une valeur de 9 francs par champ de trèfle de 30 ares. «L'importance des cendres,» dit M. Liebig, «s'explique, si l'on songe que la cendre des bois, lessivée avec de l'eau froide, contient du silicate de potasse dans le même rapport que la paille, et qu'outre ce sel elle ne renferme que des phosphates. Les cendres des différents bois possèdent, du reste, une valeur bien différente : celles de chêne la moindre, celles de hêtre, la plus grande. La cendre de chêne ne renferme que des traces de phosphates : celle de hêtre en contient $^1/_5$ de son poids; celle de pin et sapin, 9 à 15 pour cent.... Ainsi, par 100 kilogrammes de cendre de hêtre lessivée on amène sur les terres une quantité de phosphates égale à celle qui est contenue dans 460 kilogrammes d'excréments humains à l'état frais. D'après l'analyse de Th. de Saussure, 100 parties de graines de froment renferment 32 parties de phosphates et 44,5 de phosphates insolubles; ainsi, en tout, 76,5 parties de phosphates. La cendre de paille de froment renferme en tout 11,5 pour cent de phosphates. Par 100 kilogrammes de cendre de hêtre, on porte donc sur les terres une quantité d'acide phosphorique qui suffit pour produire 3820 kilogr. de paille (à 4,3 pour cent de cendres, suivant Th. de Saussure), ou 15 à 1800 kilogr. de graines de froment (à 1,3 pour cent de cendres, d'après le même savant). *Les cendres de lignites et de tourbes* contiennent une grande quantité de silicate de potasse; elles peuvent remplacer en partie le fumier de vache et de cheval; car, outre le silicate de potasse, elles renferment des mélanges de phosphates.»

— *Les cendres de houille* sont aussi un excellent engrais. Dans une séance de la Société centrale d'agriculture, où il a été question de cet engrais, M. Huerne de Pommeuse dit, qu'auprès de Nevers, à l'usine de Fourchambault, on est parvenu, au moyen de ces cendres, à faire produire de belles prairies artificielles à des terrains qui, auparavant, étaient sans culture. M. Héricart de Thury observa à cette occasion, que dans les départements de l'Oise, de l'Aisne, de la Somme et de Seine-et-Marne les cultivateurs recherchent beaucoup les terres pyriteuses ou vitrioliques, noires, quand elles sont extraites de la terre, et rouges, quand elles ont été lessivées pour en retirer le sulfate de fer et le sulfate d'alumine. (Annales d'agriculture de Tessier.)

§. 2. *Sel ordinaire.*

Quoique de nombreuses expériences faites dans divers pays aient déjà constaté la valeur du sel comme engrais, il y a cependant encore beaucoup de cultivateurs, et même des agronomes distingués, qui contestent au sel son action bienfaisante sur la végétation. Il y a quelques années, une discussion intéressante a eu lieu à ce sujet dans *le Journal d'agriculture pratique,* journal que nous avons eu l'occasion de citer plusieurs fois déjà, et que nous recommandons à toutes les personnes qui prennent à cœur les intérêts, les progrès de notre agriculture. M. Lecoq, professeur de chimie à Clermont, s'était livré à des expériences sur les amendements salins, et en particulier sur le sel. M. Mathieu de Dombasles répéta ces expériences avec les doses employées par M. Lecoq, et trouva que, loin d'obtenir des résultats avantageux de son emploi, il avait exercé une influence funeste sur la végétation. M. Mathieu de Dombasles consigna ses observations dans le Journal d'agriculture pratique. M. Élisée Lefèvre, fermier à Courchamp, près Provins, prouva, dans un savant article inséré dans le même journal (1838), qu'il ne fallait attribuer l'insuccès de ces expériences qu'à la quantité excessive de sel qu'on avait employée, et il appuya son opinion d'un article d'un journal anglais, *la Gardener's Gazette*, où l'on trouve le résumé historique des principaux essais qui ont été faits en Angleterre sur cet engrais. Voici quelques extraits de cet article : « Markham, l'Isaac Walton de l'agriculture, est le premier auteur anglais qui ait recommandé l'emploi du sel en agriculture.... Il dit qu'il faut éviter la surabondance de cet amendement. » L'auteur donne ensuite un extrait du *Cultivateur praticien* (1738). « Le sel améliore certainement les prairies ; on peut à cet effet le mélanger à une masse convenable de fumier : ce mélange fera pousser l'herbe plus vite qu'aucun autre engrais..... Quant à la quantité de sel que l'on doit répandre, cela dépend de la nature de la terre; les sols froids, humides, argileux, en demandent davantage; les sols légers, quoique pauvres, en veulent moins. On doit aussi employer des quantités plus ou moins fortes, selon qu'on veut des récoltes d'herbes ou de grains. Sur les terres froides, outre le fumier, il faut 6 charges de terre et 8 boisseaux de sel par acre; sur les terres maigres et sablonneuses, 14 charges de vase, 6 de fumier et 6 boisseaux de sel par acre, pour les blés et les pâturages; pour les prairies, 14 ou 15 charges de fumier, 5 boisseaux de sel et 4 charges de vase.» — Il cite ensuite l'opinion de Legrand (Annales d'agriculture). «Legrand affirme que 16 boisseaux sont la quantité qui convient pour un acre de terre, et que davantage nuirait;» puis celle de M. Bech, jardinier à Chorley, vers 1800. «M. Bech a constamment fait usage du sel dans son jardin de Chorley depuis plus de trente ans, surtout pour la culture des oignons, et il a invariablement trouvé que le sel était supérieur à tout autre engrais employé dans le même but. Sa méthode consistait à répandre le sel immédiatement après que la semence était enterrée. Il employait son amendement dans la proportion d'environ 16 boisseaux par acre. Une fois il essaya de semer sa dose de sel accoutumée sur une planche d'oignons déjà levés, et la récolte fut entièrement détruite.» (Extrait d'Hollinshead). Comme le sel qu'on employait à cette époque en Angleterre pour l'agriculture était du rébut, il faut réduire la quantité, dit M. Lefèvre, et n'employer que 6 boisseaux sur les terres à blé, et 3 seulement, au lieu de 6, sur les prairies.» — Cet article de M. Lefèvre tranche la question. Le sel est avantageux à petites doses, et nuisible quand on l'emploie à des doses élevées. — Le sel est aussi employé avec avantage en

Allemagne pour l'agriculture. Voici un fait, entre bien d'autres que nous pourrions citer, qui se trouve relaté dans une lettre que M. J. Levalois, ingénieur en chef des mines de la Meurthe et de la Moselle, adressa au Journal d'agriculture pratique (1838). Il dit qu'à Sulz, sur le Necker, on utilise l'eau d'une source salée en arrosant avec cette eau une terre gypso-argileuse, qui est ensuite employée avec succès comme engrais jusqu'à dix lieues à la ronde. Dans la seule année de 1828 on en a vendu jusqu'à 30,000 cuveaux (*Kübel*). — Mais il est une raison plus puissante que l'insuccès éprouvé par quelques expérimentateurs, qui s'oppose encore à l'emploi du sel en agriculture, dans notre pays; c'est la loi déplorable qui grève d'un lourd impôt cette substance si utile. Il y a déjà longtemps pourtant qu'on a prouvé au Gouvernement qu'il retirerait en somme un grand avantage de la diminution du prix du sel; car la consommation en serait infiniment plus grande; on lui a même proposé d'altérer le sel destiné à l'agriculture, en le mélangeant avec des substances colorantes ou amères, qui en empêcheraient l'emploi pour les usages culinaires; mais la routine est plus forte que la raison, *même appuyée du calcul;* c'est ce qui nous étonne le plus de la part de notre Gouvernement, qui ne se montre pas en défaut ordinairement sous ce rapport.

§. 3. *Plâtre ou gypse.*

Voilà encore une de ces substances bienfaisantes

dont l'emploi ne saurait être assez préconisé pour stimuler la végétation des prairies tant naturelles qu'artificielles. Nous allons rapporter ici les observations savantes de M. Liebig sur son action comme engrais. L'influence si favorable du plâtre sur la végétation des prairies, dit-il, provient tout simplement de ce que ce corps fixe l'ammoniaque de l'atmosphère et empêche l'évaporation de celle qui s'est condensée avec les vapeurs d'eau.... « Pour se faire une idée nette de l'efficacité du plâtre, il suffit de noter, qu'une livre de plâtre cuit, fixe autant d'ammoniaque dans le sol que 6250 livres d'urine de cheval pourraient lui en amener, en supposant que l'azote de l'acide hippurique et de l'urée soit absorbé par le plâtre, sans la moindre perte, sous forme de carbonate d'ammoniaque. Si l'on admet maintenant, d'après Boussingault (Ann. de chim. et de phys., tom. 63), que l'herbe contient $\frac{1}{100}$ de son poids d'azote, une livre d'azote qu'on y amène de plus augmentera le rendement de la prairie de 100 livres de fourrage sec; or, cet excès sera la conséquence de l'action de 4 livres de plâtre. L'eau est la condition la plus indispensable pour l'assimilation du sulfate d'ammoniaque qui se produit, et en général, pour la décomposition du plâtre, si peu soluble; ce qui fait que, dans les prairies et les champs secs, l'influence du plâtre n'est pas sensible, tandis que sur eux le fumier animal se montre efficace, en raison de l'assimilation du carbonate d'ammoniaque gazeux qui s'en dégage. La décomposition du plâtre par le carbonate d'ammoniaque ne se fait pas tout d'un coup; mais elle est lente, parce que la quantité de carbonate dans l'eau de pluie est restreinte dans des limites étroites; ce qui explique pourquoi son efficacité se conserve pendant plusieurs années. — De ce qui précède s'ensuivent naturellement les nombreuses applications du plâtre que nous avons indiquées dans les pages que nous avons consacrées aux engrais animaux. Pour établir maintenant cet accord de la science et de la pratique sur cette question, accord que nous avons promis dans la préface de montrer toujours, nous allons citer l'opinion d'un agronome distingué, M. Moll : « L'emploi du plâtre, » dit-il, « est presque inséparable de la culture des trèfles, luzernes et sainfoins; sans cet amendement, il est beaucoup de contrées, dont l'agriculture, aujourd'hui florissante, ne pourrait se soutenir; car le trèfle, la luzerne et le sainfoin, qui en sont les pivots, n'y réussissent qu'avec le plâtre. On peut dire que c'est à cette substance qu'est due principalement l'extension qu'a prise la culture de ces fourrages. Il est malheureux que la plâtre ne soit pas fort répandu en France. Une grande partie du centre de l'ouest et du midi en manque, et les cultivateurs hésitent à l'employer, lorsqu'ils sont obligés de payer 5 à 6 francs l'hectolitre. Cette dépense est cependant largement compensée, dans la plupart des cas, par le produit plus considérable des récoltes. — On a trouvé presque partout de l'avantage à le répandre le matin de bonne heure, ou le soir, lorsque les feuilles sont encore humides de rosée ou de pluie: on évite, au contraire, de le faire lorsqu'on a lieu de s'attendre à de fortes pluies, à des gelées, et enfin, par un grand vent, dont l'action mécanique s'explique facilement. — Le plâtre cuit est préférable, parce qu'il agit plus vite, étant plus divisé. — On peut aussi avec avantage mêler le plâtre avec des cendres, ou arroser en même temps avec le purin. — Cet amendement employé aussi sur les prairies naturelles a pour effet de donner naissance à une grande quantité de légumineuses. Néanmoins son emploi ne doit pas être continu, sans cela les légumineuses, expulsant les autres plantes, laisseraient le terrain dénué, lorsqu'elles finiraient enfin par disparaître elles-mêmes. — La quantité de plâtre employé est ordinairement de 2 hectolitres par hectare.» Disons, qu'on peut facilement éviter l'inconvénient de l'emploi continu du plâtre sur les prés, quant aux légumineuses, en le mêlant avec la cendre; car la potasse qu'elle fournit au sol compense amplement la perte que la végétation de ces plantes lui fait subir; et ce n'est que par la disparition du sol de la potasse, comme nous l'avons déjà vu ailleurs dans ce livre, que la végétation diminue sur les prés, ou cesse complétement. Cet exemple prouve, avec bien d'autres, quels services la chimie peut rendre à l'agriculture.

§. 4. *Argile cuite.*

« L'amendement des champs avec l'argile cuite,»

dit M. Liebig, « ne s'explique pas moins facilement que celui par le plâtre. Jusqu'à présent on attribuait la fertilité des sols ferrugineux en partie à l'absorption de l'humidité; mais la terre ordinaire et sèche possède cette propriété à un degré non moins grand... Le peroxide de fer et l'alumine se distinguent de tous les autres oxides métalliques par leur faculté de former avec l'ammoniaque des combinaisons solides. C'est cette affinité qui est cause de la propriété remarquable que possèdent tous les minéraux riches en peroxide de fer et en alumine, d'attirer l'ammoniaque et de la retenir. »

§. 5. *Chaux.*

La chaux ne sert pas seulement de moyen d'amendement, comme nous l'avons vu dans le chapitre où nous avons parlé des sols argileux; mais, ainsi que nous l'avons déjà fait remarquer dans ce même chapitre, elle a une action chimique spéciale en se combinant avec les acides des plantes, soit ceux qui leur sont propres, comme l'acide tartrique à la vigne, l'acide malique aux pommiers, betteraves, etc., soit ceux qui se forment sous l'influence de la végétation, comme l'acide acétique. De cette manière là, la chaux se trouve dissoute dans la sève et va contribuer pour sa part à la formation des diverses parties de la plante. C'est ainsi que s'explique l'action de cette substance utile, et que bien des cultivateurs peuvent voir combien ils ont tort de s'élever contre les louables efforts que font les savants, pour les aider à faire faire des progrès à l'agriculture. Les exemples répétés que nous avons donnés dans ce livre, montrent aux plus prévenus que l'intervention de la chimie dans les pratiques agricoles, ne saurait qu'être des plus avantageuses. La chaux convient principalement aux terrains humides, et surtout aux prairies qui sont exposées par leur situation à être inondées une partie de l'année par les eaux. On l'emploie calcinée fraîchement, en ayant la précaution de la faire tomber en poudre, au moyen d'un peu d'eau, lorsqu'on la transporte sur les terres. « La quantité de chaux, » dit M. Moll, « varie de 60 à 300 hectolitres par hectare. On en met d'autant plus que le sol est plus tenace, et surtout plus aigre et plus tourbeux. La grosseur des tas dépend en partie de la force du chaulage; on ne doit jamais en faire moins de trois ou quatre par are de superficie, afin de pouvoir répandre la chaux d'une manière parfaitement uniforme. Dans le même but on mélange préalablement la chaux réduite en poussière avec de la terre prise dans le champ. Une fois la chaux répandue, on donne plusieurs hersages en long et en travers, puis un labour superficiel et plus tard un labour profond. » (Journal d'agriculture pratique.) « La chaux, observe M. Puvis, répandue sur les terrains argileux de manière à former un deux-centième à peine de la couche cultivée, accroît avec la quantité d'engrais ordinaire, de moitié en sus tous les produits pendant une période de temps qui se prolonge au delà de douze ans.» On peut employer au même usage les platras provenant de la démolition des maisons, en ayant la précaution de les réduire en poussière. (Voir l'article suivant.)

§. 6. *Marne.*

Il y a diverses espèces de marne : 1.° la marne *calcaire* proprement dite, quoique le mot marne implique déjà la présence de la chaux (carbonatée). Le carbonate de chaux ou craie en forme les deux tiers. 2.° La marne *argileuse*, qui contient 50 pour cent de calcaire, 40 pour cent d'argile et 10 pour cent de sable. 3.° La marne *sablonneuse*, qui renferme le plus souvent 50 pour cent de calcaire, 40 pour cent de sable et 10 pour cent d'argile. Il y a cependant des marnes sablonneuses qui contiennent jusqu'à 80 pour cent de sable. On peut voir, d'après cela, que c'est la marne sablonneuse qui convient le mieux aux terrains argileux; car tout en fournissant au sol de la chaux, elle lui fournit encore du sable qui en diminue la trop grande ténacité et le rend plus perméable à l'air et à l'eau. C'est, au contraire, la marne calcaire qu'il faut employer quand on ne veut que stimuler des terres, comme, par exemple, des prairies artificielles ou naturelles. —

Voici quelques données curieuses sur l'emploi de la marne et de la chaux dans les départements où on les trouve surtout, et les améliorations qu'elles ont produites dans diverses contrées. Elles sont extraites d'un savant article de M. Puvis, inséré dans les Annales de l'agriculture (1833) : «La marne et la chaux, dit-il, sont de puissants agents de fécondité dans les sols argilo-siliceux; mais pour toutes deux, et particulièrement pour la chaux, il faut que le sol soit égoutté, ou bien il faudrait les y accumuler à des doses qui ressembleraient à celles des Anglais: avec cette condition de sol assaini, ces deux agents ont déjà changé la face de contrées étendues, qui ont doublé par eux de richesse et de population. Il y a un siècle que le Norfolk, pays maintenant d'agriculture classique, était couvert de bruyères; c'est la marne qui l'a rendu capable de porter cet assolement qui le fait rivaliser de fécondité avec les sols les plus favorisés : un tiers peut-être du sol cultivé d'Angleterre et d'Écosse a reçu et reçoit encore tous les jours, par la chaux, une impulsion qui élève le produit moyen de leurs champs à une moitié en sus, au moins, de ce que produit le même sol en France. La marne et la chaux en Allemagne ont changé la face de provinces entières; l'Italie, par la chaux, a amélioré la culture de grands plateaux humides; l'Amérique renouvelle par la chaux la fécondité éteinte de plaines étendues, auxquelles la culture avait trop demandé sans leur rendre assez d'engrais. En France, la Puisaye dans l'Yonne a triplé de valeur par la marne; la moitié du département du Nord doit à la marne et à la chaux sa culture classique; plusieurs cantons de la Normandie, l'arrondissement de Bernay, les environs de Lisieux, vont chercher la marne jusqu'à 200 pieds de profondeur; et enfin dans la Sologne, l'emploi de la marne a déjà amélioré de grandes étendues, mais malheureusement on l'y rencontre plus rarement qu'ailleurs. La chaux, dans les trois départements de la Normandie, a produit des effets plus nombreux, plus étendus, mais encore moins anciens que la marne; une mine de houille de qualité médiocre, exploitée depuis peu d'années, y alimente un grand nombre de fours à chaux, dont les trois quarts du produit s'emploient par l'agriculture. La Sarthe, le département de Maine-et-Loire, qui emploient la chaux depuis moins de quarante ans, voient leur agriculture s'enrichir à mesure que s'étend son usage. Le département des Landes avec ses sables infertiles, se couvre de moissons par l'application de la chaux à son sol.» L'auteur estime cependant *que le quart à peine* des sols argilo-siliceux de la France a été amélioré par la marne ou la chaux. En l'étendant, dit-il, aux trois autres quarts, on ne croit pas exagérer en disant qu'il pourrait en résulter un accroissement d'un huitième peut-être dans tout le produit du territoire français. La marne se trouve encore dans le Lyonnais, le Dauphiné, dans le Languedoc, en Alsace, etc. Il est aisé de la reconnaître; on n'a qu'à verser dessus de l'acide sulfurique (huile de vitriol); si elle fait effervescence, on peut être sûr de la présence du carbonate de chaux; l'argile qui l'accompagne toujours sert à la distinguer du calcaire proprement dit. « La présence, dit M. Moll, d'un grand nombre de *pas d'âne*, de *sauges sauvages* et de *ronces*, est un indice assez certain de la proximité de la marne. La quantité à employer, ajoute-t-il, peut varier à l'infini. Plus la marne est calcaire, moins il en faut; plus le sol est humide, aigre, noirâtre, tourbeux, mieux il peut supporter un fort marnage. On met depuis 20 jusqu'à 100 et 150 voitures (de deux milliers) par hectare. On emploie même des quantités plus fortes encore, surtout lorsqu'on veut changer la nature physique du sol. » Nous avons déjà indiqué, en parlant de l'amendement des terrains sablonneux, la manière de répandre la marne sur le sol. Disons en finissant, avec M. Puvis, qu'il serait à désirer que toutes les parties de la France qui sont couvertes de terrains argileux, fussent améliorées par ce puissant stimulant. Les conséquences en seraient immenses.

CALENDRIER ÉCONOMIQUE

POUR

L'EMPLOI DES AMENDEMENTS ET DES ENGRAIS,

D'APRÈS **M. MOLL**,

Professeur au Conservatoire des arts et métiers.

JANVIER.

Dépôts de fumier dans les champs. Lorsqu'on prévoit qu'on sera pressé d'ouvrage au moment de la conduite du fumier pour les pommes de terre et autres récoltes fumées au printemps, on profite actuellement des gelées et de l'absence des autres travaux pour conduire dans les champs le fumier qui leur est destiné. On le met alors en dépôt. On doit tenir à ce que le fumier n'y soit pas étendu négligemment, sur un grand espace, mais on le fera mettre en un tas bien relevé, ainsi qu'on le fait dans l'emplacement ordinaire; autrement il est lavé par les pluies et perd une grande quantité de ses principes fertilisants. Pour mieux éviter cet inconvénient, on creusera un peu la place où on le dépose, et on relèvera la terre tout autour.

Marnage. En janvier, on marne les trèfles, les luzernes, les pâturages artificiels; on répand de suite la marne pour éviter que les plantes ne périssent dessous. Lorsqu'elle est bien répandue, les fourrages poussent vigoureusement à travers.

FÉVRIER.

On conduit encore le *fumier* dans les champs pour y être mis en dépôt. Beaucoup de cultivateurs conduisent le fumier immédiatement dans les champs, dès que la terre est assez ressuyée, et le déposent en petits tas, qu'ils laissent jusqu'à ce qu'ils puissent l'épandre et l'enfouir. Cette pratique est fort mauvaise. La terre qui se trouve sous les tas s'imprègne du suc du fumier et s'enrichit outre mesure, tandis que le fumier lui-même, lavé par les pluies, perd toute sa qualité et n'engraisse que fort mal le reste du champ. Il en résulte que la récolte y est presque toujours chétive, tandis qu'elle verse souvent dans les places où se trouvaient les tas. Cette inégalité très-vicieuse se remarque ordinairement pendant plusieurs années de suite. Afin d'éviter la perte du *purin*, qui est certainement le plus grave inconvénient que présentent les dépôts, je conseille de creuser à un ou deux fers de bêche, l'emplacement où on les établit, et de l'entourer en outre d'un rebord assez élevé de terre que l'on adosse contre le fumier. Il sera également avantageux de répandre sur le fond de l'emplacement une couche d'un pied ou dix-huit pouces de terre prise à la surface du champ. Cette terre, de même que celle du rebord qui règne autour de l'emplacement, aura absorbé les sucs du fumier, qui sans cela se seraient écoulés en pure perte et sera devenue elle-même un excellent engrais.

Purin. Cette époque est également favorable pour conduire le purin ou eau de fumier dans les prés. Cet engrais, que la plupart de nos cultivateurs laissent perdre, contient les parties les plus riches, les plus fertilisantes du fumier. Je ne saurais trop recommander aux cultivateurs de le recueillir pour en arroser le tas de fumier pendant les sécheresses, et ensuite pour le répandre sur les prairies naturelles et artificielles, dont il améliore et augmente considérablement le produit.

Chaux, marne, vase des étangs, des fossés, etc. Si l'état des terres ne permet pas encore les travaux de culture dans les terres, on emploie, comme par le passé, les attelages à conduire dans les champs de la marne, de la chaux, de la vase d'étangs, de la terre tirée des fossés. On cherchera des boues et des fumiers de ville lorsqu'on est en possession de le faire.

Cendres, suie, colombine. Vers la fin de ce mois on commence à répandre sur les prairies naturelles et artificielles de la cendre lessivée ou *charrée*, de la suie et de la colombine ou fiente de pigeons et de volailles. C'est dans les contrées montagneuses, à sol granitique et siliceux, que les cendres agissent de la manière la plus remarquable et la plus avantageuse; aussi leur emploi est-il fort répandu dans la plupart de ces localités, comme dans les Vosges, dans le Morvand, etc. On les applique à toutes les plantes, mais surtout au blé, au trèfle et aux prairies naturelles. La quantité varie de 30 à 60 et même 80 hectolitres par hectare. La suie se met à raison de 12 à 20 et même 30 hectolitres par hectare. La quantité de la colombine varie de 4 à 6 et 8 hectolitres par hectare. Le *noir animalisé* se répand aussi en ce mois.

MARS.

Plâtrage des fourrages artificiels. C'est dans le courant et surtout dans la deuxième quinzaine de ce mois que l'on commence à plâtrer les trèfles, luzernes et sainfoins.

AVRIL.

Plâtrage. On continue encore dans le courant de ce mois à plâtrer les trèfles, luzernes et sainfoins. On a même observé, dans plusieurs localités, que l'effet du plâtre répandu à cette époque était plus marqué sur les jeunes prairies artificielles que celui du plâtrage fait en mars.

MAI.

Fumiers. Les écuries, les étables et les bergeries doivent se vider à cette époque plus souvent qu'en hiver. On conduit le fumier qu'on en retire dans des terres destinées à recevoir des choux, des betteraves, des rutabagas repiqués, des pommes de terre, des vesces tardives ou du sarrasin.

Purin. Dans les jours pluvieux du commencement de ce mois, on peut encore conduire du purin dans les prairies arrosées ; on le verse alors dans la rigole principale, à l'endroit où elle entre dans le pré. Plus tard on ne peut plus employer cet engrais que sur les pommes de terre et les autres récoltes-racines ; la précaution de ne le répandre que par un temps pluvieux est indispensable pour toutes les récoltes.

Parcage. Il commence en ce mois.

Plâtre. On peut encore en ce mois plâtrer les trèfles, ainsi que les vesces, auxquelles cet amendement est très-favorable.

JUIN.

Fumier. On en conduit encore sur les terres destinées au colza, aux navets, aux choux, betteraves et rutabagas repiqués.

Parcage. Il continue dans ce mois. On peut l'appliquer sur les trèfles immédiatement après la première coupe ; la seconde acquiert toujours une grande vigueur par suite de cette fumure, et même le blé qui vient après le trèfle en éprouve un effet favorable ; mais cette seconde coupe ne peut être consommée qu'à sec, car le bétail la refuse en vert.

Le plâtre, employé dans les mêmes circonstances, fait également bien.

Fumures vertes. Plusieurs récoltes semées pour servir de fumures vertes peuvent être enfouies à cette époque.

Purin. Dans une grande partie de l'Allemagne, on profite actuellement des temps pluvieux pour répandre du purin sur les pommes de terre et les betteraves, et même sur le trèfle immédiatement après la coupe. On en conduit aussi sur les prés après la fenaison.

Vase des fossés, etc. Les fossés et les étangs peuvent être curés dans ce mois, et la vase qu'on en retire peut être conduite sur les champs en jachère, ou être laissée en tas jusqu'en hiver, ou enfin être mise en compost avec du fumier, de la chaux, etc.

Chaux et marne. On peut en conduire à cette époque sur les champs.

Arrosage des fumiers et des compost. Il est encore

plus nécessaire en ce mois que dans le précédent. Il est bon de couvrir de terre ou de gazon le tas arrivé à la hauteur qu'on veut lui donner.

JUILLET. — AOUT.

Fumier. Immédiatement après la moisson, ou dans les intervalles qu'elle laisse, on conduit du fumier sur les champs récoltés, destinés au colza, à la navette ou aux navets.

Chaux et marne. On peut *chauler* et *marner* les terres moissonnées.

Cendres. Dans les montagnes on répand de la cendre sur les terres destinées à du seigle; on en répand aussi quelquefois, ainsi que du plâtre, sur les trèfles de l'année, après que la céréale est enlevée, lorsque le terrain est riche: on obtient ainsi une coupe assez abondante dès l'automne.

SEPTEMBRE.

Fumier. On achève dans ce mois de conduire aux champs et de répandre les engrais destinés aux céréales d'hiver.

Chaux et marne. Quelquefois on a encore conduit et mis en tas, après la moisson, de la chaux et de la marne dans les champs; on doit se hâter de les répandre et de les mélanger au sol aussi bien que possible, si le terrain doit porter des grains d'automne.

Cendres. Il en est de même pour les cendres, ou bien on les répand immédiatement avec la semence.

Purin. Sitôt la coupe du regain faite, on commence à répandre du purin sur les prés; on purine également les trèfles semés dans l'année, de même que les colzas et navettes. Dans les contrées où cette pratique est en usage, on ne craint nullement le tort que font les roues et les pieds des chevaux à la récolte; on sait que le purin répare largement tout cela.

OCTOBRE.

On conduit actuellement de la *marne*, de la *chaux*, de la *vase d'étang*, de la *tourbe*, etc., sur les champs destinés à des récoltes de printemps. Toutes ces matières doivent être mises en tas hauts et étroits pour bien subir l'influence de l'air. On peut aussi mettre de ces amendements sur les prairies non arrosées, mais alors on a soin de les étendre tout de suite pour qu'ils ne détruisent pas l'herbe. On y répand de même du *fumier long*, afin que les premières pluies d'automne en entraînent les sucs dans le sol encore peu imprégné d'humidité. On conduit aussi du *purin* sur les prés, arrosés ou non. On en conduit encore sur les semailles, sur lesquelles on peut répandre aussi des *cendres* ou du *fumier en couverture* lorsqu'elles paraissent languir.

NOVEMBRE.

Fumier. On continue dans ce mois à répandre du fumier en couverture sur les semailles, les trèfles, luzernes, sainfoins et sur les prés. On transporte de la *marne*, de la *chaux*, de la *vase d'étang* dans les champs. On fait des tas de compost. Le *purinage* des prés peut encore avoir lieu.

DÉCEMBRE.

C'est dans ce mois et le suivant qu'a lieu principalement la conduite de la marne, de la vase d'étang et de la terre dans les champs. On conduit également du purin sur les prés et les terres ensemencées aussi longtemps qu'il n'y a pas de neige ou qu'il ne gèle pas. On continue à conduire dans les champs du fumier que l'on met en dépôt. Enfin, il est des cultivateurs qui répandent actuellement de la chaux en poudre sur les prés secs et remplis de mousses. Ils choisissent un temps sec pour cette opération. (*Extrait du journal d'agriculture pratique.*)

TABLEAU SYNOPTIQUE DES DIVERS ENGRAIS,

Par MM. PAYEN et BOUSSINGAULT.

SUBSTANCES.	Équivalent de la substance sèche.	Équivalent de la substance à l'état ordinaire ou normal.	OBSERVATIONS.
Fumier de ferme	100	100	C'est à cet engrais, comme on voit, que l'on compare les autres.
Paille de pois	100	22,3	
Idem de millet	203	51,28	
Idem de sarrasin	361,1	83,33	
Idem de lentilles	174	39,6	
Idem de froment	650	166,66	
Idem *idem*	367	81,6	Ancienne, des environs de Paris.
Idem *idem*, partie inférieure	453,4	97,5	Les 0,67 de la longueur.
Idem *idem*, partie supérieure	137,3	30,0	Les 0,33 de la longueur.
Idem de seigle	975	235,2	
Idem *idem*	390	95	1841, environs de Paris.
Idem d'avoine	541,66	142,85	
Idem d'orge	750	173,9	
Balles de froment	207,4	47	
Tiges sèches de topinambour	453,48	108,1	
Fanes de madia	295,45	70,1	
Genêt	142,3	32,78	
Fanes de betteraves vertes	43,3	80	
Idem de pommes de terres	84,78	72,72	
Feuilles de bruyère	102,6	22,9	
Fucus digitatus	138,8	46,5	
Idem *idem*	123,4	42,1	
Idem saccharinus	85	28,9	
Idem *idem*	«	74	Sortant de la mer.
Touraillons	39,7	8,8	
Racines de trèfle enfouies	110,16	24,8	
Tourteaux de lin	32,5	7,69	
Idem de colza	35,45	8,13	
Idem d'arachis hypogea	21,19	4,62	
Idem de madia sativa	34,2	7,9	
Idem d'épuration	332,0	74,97	De l'huile de poisson par la sciure de peuplier.
Idem *idem*	49,7	11,3	Des graisses vertes par la sciure de peuplier.
Graines de lupin blanc	44,8	11,4	
Marc de raisins	58,9	23,39	
Idem *idem*	54,77	21,85	
Pulpe de betteraves	154,7	35	Séchée à l'air.
Idem *idem*	«	105,8	Sortant de la presse.
Idem de pommes de terre	100	76	
Suc de *idem*	23,30	106,38	
Eaux des féculeries	«	571,42	De lavage par 4 volumes d'eau.
Idem *idem*	«	645,16	*Idem* par 5 volumes.
Dépôt des eaux des féculeries	107,7	111,1	
Idem *idem*	«	24,5	Séché à l'air.
Eaux de fumiers	126,6	67,7	Du lavage par les pluies de l'année.
Sciure de bois d'acacia	513,1	137,9	Séchée à l'air.
Sciure de bois d'acacia	629,3	173,9	Séchée à l'air.
Idem de bois de sapin	886,3	250	*Idem.*
Idem *idem*	629,3	173,9	*Idem.*
Idem de bois de chêne	256	74	*Idem.*

SUBSTANCES.	Équivalent de la substance sèche.	Équivalent de la substance normale.	OBSERVATIONS.
Excréments solides de vache	84	125	
Urine de vache	51,3	90,9	
Excréments mixtes de vache	75,2	97,5	Résultat calculé ; mélange des déjections solides et liquides.
Idem solides de cheval	88,2	72,7	
Urine de cheval	15,5	15,3	Urine épaisse d'un cheval qui buvait peu.
Excréments mixtes de cheval	64,05	54	
Excréments de porcs	57,86	63,4	
Idem de moutons	65,2	36	
Idem de chèvres	49,6	18,5	
Colombine	21,6	4,8	
Engrais flamand liquide	=	210,5	
Idem *idem*	=	181,8	
Poudrette de Belloni	44,3	10,3	Séchée à l'air.
Idem de Montfaucon	73	25,6	Telle qu'on la livre au cultivateur.
Coquilles d'huître	487,5	125	
Goëmon dit brûlé	487,5	105,26	
Suie de houille	122	29,62	
Idem de bois	148,85	34,78	
Vase de la rivière de Morlaix	464,28	100	
Trez de la rade de Roscoff	1392,85	307,69	
Merl	377,17	78,1	
Cendres de Picardie	274,6	61,5	
Chair musculaire sèche	13,6	3,06	
Morue salée	17,05	5,97	
Idem lavée et pressée	10,40	2,51	
Sang sec soluble	12,64	3,28	
Idem liquide	=	13,3	
Idem *idem*	=	14,74	
Idem coagulé et pressé	11,47	8,86	
Idem insoluble sec	11,47	2,69	
Plumes	11	2,60	
Bourre de poils de bœufs	12,89	2,9	
Chiffons de laine	9,62	2,22	
Râpure de corne	12,35	2,78	
Hannetons	14,14	12,7	
Os fondus séchés à l'air	25,72	5,70	
Idem humides	=	7,54	
Idem gras	=	6,43	
Résidus de colle d'os	213,8	75,75	
Marcs de colle	34,6	10,8	
Pain de creton	15,07	3,36	Marcs des graisses traitées pour en extraire le suif.
Noir animal des raffineries	95,5	37,7	
Idem animalisé	98	36,69	Leur effet est quintuple de celui qui est indiqué, à cause de leur décomposition ménagée.
Idem des camps	65,9	32,2	
Feuilles d'automne, chêne	125	34	
Idem hêtre	102,3	33,98	
Idem peuplier	167,2	74,34	
Idem acacia	125,2	55,47	
Idem poirier	127	29,40	
Madia sativa en engrais vert	126	88,88	Racines, tiges, feuilles et fleurs.
Bois, feuilles et rameaux	67,5	34,18	
Marcs de pommes à cidre	309	67,79	Résidu séché à l'air, pris comme état normal.
Idem de houblon	87,6	66,65	Résidu contenant 0,73 d'eau.
Écumes de défécation des betteraves	127,1	74,65	
Tranches épuisées de betteraves	110,7	4136,50	Sont très-épuisées.

SUBSTANCES.	Équivalent de la substance sèche.	Équivalent de la substance normale.	OBSERVATIONS.
Tourteaux de graines de coton. .	32	9,99	
Idem de cameline	32,8	7,25	
Idem de chenevis.	40,8	9,50	
Idem de pavôts.	34,2	7,46	
Idem de faînes	55	12,08	
Idem de noix.	34,8	7,63	
Fumier d'auberge.	93,7	50,63	
Guans	31,4	80,40	
Idem	27,7	74,10	
Idem	12,4	28,60	
Chrysalides de vers à soie	21,6	20,61	
Litières de *idem*	56	12,17	
Urine humaine	11,1	2,37	
Idem	8,4	55,95	
Noir des raffineries.	102,5	27,91	
Engrais dit hollandais.	78,6	29,40	
Noir anglais.	24,3	5,75	
Résidus du bleu de Prusse	6,9	30,62	
Herbes marines animalisées. . . .	7	16,61	
Idem	7,1	16,70	
Terreau	189	33,33	
Coquillages de mer	3750,00	769,23	

(Extr. de deux mém. sur les engrais, insérés dans les Ann. de chimie et de physique, 1841, 1842.)

www.ingramcontent.com/pod-product-compliance
Ingram Content Group UK Ltd.
Pitfield, Milton Keynes, MK11 3LW, UK
UKHW020340180726
13839UKWH00002B/818

9 782329 460451